Eine Zusammenstellung des Inhaltes der Hefte 1 bis 212 der Forschungsarbeiten zugleich mit einem Namen- und Sachverzeichnis wird auf Wunsch kostenfrei von der Geschäftstelle des Vereines deutscher Ingenieure, Druckschriften-Vertriebsabteilung, Berlin N.W. 7, Sommerstr. 4a, abgegeben.

Lehrer und Schüler technischer Schulen erhalten die Hefte zu einem ermäßigten Preise, desgl. die Mitglieder des Vereines deutscher Ingenieure von Heft 203 an, sofern sie Bestellung und Zahlung an den Verein deutscher Ingenieure, Berlin N.W. 7, Sommerstr. 4a, richten.

Heft 204: **Wüst, Meuthen** und **Durrer**, Die Temperatur-Wärmeinhaltskurven der technisch wichtigen Metalle. Preis 6 ℳ.

Heft 205: **Feifel**, Ueber die veränderliche, nicht stationäre Strömung in offenen Gerinnen, insbesondere über Schwingungen in Turbinen-Triebkanälen. Preis 6 ℳ.

Heft 206: **Kühn**, Toleranzen. Preis 4 ℳ.

Heft 207: **Kayser**, Untersuchungen über die Wirkung von Anfangspannungen in in Nieten und Schrauben.
Kayser, Beziehungen zwischen Druckfestigkeit und Biegungsfestigkeit. Preis 4 ℳ.

Heft 208: **Kessner**, Die Prüfung der Bearbeitbarkeit der Metalle und Legierungen, unter besonderer Berücksichtigung des Bohrverfahrens. Preis 3 ℳ.

Heft 209: **Ruff, Bormann** und **Keilig**, Ueber das Verhalten von Kohlenstoff gegen Mangan, Nickel, Eisen und Kobalt. Preis 5 ℳ.

Heft 210: **Koch**, Die Bedeutung einer einheitlichen Bezugstemperatur für austauschbare Fabrikation. Preis 6 ℳ.

Heft 211: **Müller**, Kupfer und Bronze. Preis 6 ℳ.

Heft 212: **Stiel**, Experimentelle Untersuchung der Drehmomentverhältnisse von Drehstrom-Asynchronmotoren mit Kurzschlußrotoren verschiedener Stabzahl. Preis 6 ℳ.

Heft 213: **Schneider**, Ausflußkoeffizienten von Poncelet-Oeffnungen. Preis 5 ℳ.

Literarische Unternehmungen d. Vereines deutscher Ingenieure:

ZEITSCHRIFT
DES
VEREINES DEUTSCHER INGENIEURE.

Redakteur: D. Meyer.

Berlin N.W. 7, Sommerstraße 4a

Geschäftstunden 9 bis 4 Uhr, Sonnabends 9 bis 1 Uhr.

Expedition und Kommissionsverlag: Julius Springer, Berlin W., Linkstr. 23/24.

Die Zeitschrift des Vereines deutscher Ingenieure erscheint wöchentlich Sonnabends. Je einmal im Monat liegt ihr die Zeitschrift „Technik und Wirtschaft" bei. Preis bei Bezug durch Buchhandel und Post 40 ℳ jährlich; einzelne Nummern werden gegen Einsendung von je 1.30 ℳ — nach dem Ausland von je 1.60 ℳ — portofrei geliefert.

Anzeigen:
Das Millimeter Höhe einer Spalte kostet 35 Pf.
Bei 6, 13, 26, 52 maliger Wiederholung im Laufe eines Jahres: 10, 20, 30, 40 vH Nachlaß.
Für Stellengesuche von Vereinsmitgliedern, **die unmittelbar bei der Annahmestelle, Linkstraße 23/24 aufgegeben und vorausbezahlt werden**, kostet das Millimeter Höhe einer Spalte nur 12 Pf.

Beilagen:
Preis und erforderliche Anzahl sind unter Einsendung eines Musters bei der Expedition zu erfragen. Die Beilagen sind **frei Berlin zu liefern.**

Den Einsendern von Ziffer-Anzeigen wird für Annahme und freie Zusendung einlaufender Angebote mindestens 1 ℳ berechnet.
Schluß der Anzeigen-Annahme: Montag Vorm.; für Stellengesuche: Montag Abend 7 Uhr.

TECHNIK UND WIRTSCHAFT.
MONATSCHRIFT DES VEREINES DEUTSCHER INGENIEURE.
REDAKTEUR D. MEYER.
IN KOMMISSION BEI JULIUS SPRINGER BERLIN.

FORSCHUNGSARBEITEN
AUF DEM GEBIETE DES INGENIEURWESENS

HERAUSGEGEBEN VOM VEREIN DEUTSCHER INGENIEURE

Schriftleitung: D. Meyer und M. Seyffert

Heft 214

Untersuchungen an elektrisch geheizten Wärmespeichern

(Eine wärmetechnische Studie.)

von

Dr.-Ing. GEORG HERBERG, beratender Ingenieur, Stuttgart.

BERLIN 1919
SELBSTVERLAG DES VEREINES DEUTSCHER INGENIEURE
KOMMISSIONSVERLAG VON JULIUS SPRINGER

ISBN 978-3-662-01704-3   ISBN 978-3-662-01999-3 (eBook)
DOI 10.1007/978-3-662-01999-3

Inhaltsverzeichnis.

I. Teil.

		Seite
Allgemeines		3
I. Wärmespeicher Elektra 99,5 ltr		7
II. » Rittershaussen 101,8 ltr		11
III. » » 26,65 »		18
IV. » Therma 9,67 ltr		21
V. » » 39,60 »		25

II. Teil.
Zusammenfassung und Vergleich der Versuchsergebnisse.

1) Abkühlungsverluste 28
2) Elektrischer Arbeitsaufwand zum Warmhalten des Wassers auf bestimmter Temperatur ohne Wasserentnahme 30
3) Wasserleistung 33
4) Dauerbetrieb und Leistungsfaktor 35
5) Dauerversuche 40

Untersuchungen an elektrisch geheizten Wärmespeichern.
(Eine wärmetechnische Studie.)

Von Dr.-Ing. **Georg Herberg**, beratender Ingenieur, Stuttgart.

I. Teil.

Allgemeines.

Neuerdings sind Wärmespeicher vielfach in Aufnahme gekommen, das sind gegen Wärmeverluste gut geschützte Warmwasserbehälter, die elektrisch geheizt werden, so daß jederzeit warmes Wasser zur Verfügung steht. Ein geringer elektrischer Strom wirkt dauernd auf den Speicher in der Höhe ein, daß die Erwärmung des gesamten Inhaltes bis auf etwa 85° herauf sich auf eine Zeitdauer von 8 bis 10 Stunden erstreckt. Die kleineren Wärmespeicher sollen hauptsächlich in Haushaltungen Verwendung finden zur Entnahme von Gebrauchs-, Wasch- und Badewasser; größere werden für die Industrie ausgeführt. Für Elektrizitätswerke bietet die Einführung der Wärmespeicher den Vorteil dauernder Stromabnehmer, da der Strom Tag und Nacht die Speicher durchfließt und nur, falls überhaupt erforderlich, innerhalb einer gewissen Sperrzeit bei der Höchstbelastung des Werkes ausgeschaltet wird. Die Wärmespeicher bestehen aus einem eisernen geschweißten geschlossenen Gefäße, meist mit einem aufgeschraubten Deckel, das durch eine starke Umhüllung vor Wärmeverlusten geschützt ist und außen einen Blechschutzmantel besitzt. Die Speicher sind mit Wasserzu- und ableitung ausgestattet sowie mit einer Temperaturregelvorrichtung, bisweilen noch mit einem besonderen Entleerungshahn, einem Thermometer, einer Eintauchhülse für dieses und einem Sicherheitsventile.

Grundsätzlich werden zwei Betriebsarten dieser Wärmespeicher unterschieden, und zwar mit offener und mit geschlossener Schaltung. In beiden Fällen kann das Wassereintrittsrohr in den Wärmespeicher unmittelbar mit der Wasserleitung verbunden sein, oder es kann ein Ueberlaufgefäß mit Schwimmventil zwischen Wärmespeicher und Wasserleitung eingeschaltet werden. Bei offenen Speichern (vergl. Abb. 13) liegt das Absperrventil vor Eintritt des Wassers in den Speicher, während das Abflußrohr offen ist; bei den geschlossenen (vergl. Abb. 10) sitzt das Abflußventil hinter dem Wärmespeicher, so daß dieser dauernd unter dem Wasserleitungsdruck oder dem Drucke der Wassersäule bis in den Schwimmerkasten steht. Beide Betriebsweisen haben ihre grundlegenden Eigentümlichkeiten: Beim offenen Speicher ist die praktisch anwendbare Höchsttemperatur etwa 90° (höchst erreichbar 100°), und es tritt aus dem offenen Ausflußrohr bei einer Temperatur von 85° bereits Dampf aus; dadurch entsteht ein nicht unwesentlicher Wärmeverlust. Außerdem dehnt sich das Wasser beim Erwärmen aus, und zwar von 10° bis 90° etwa um 3½ vH; da ja der Wärmespeicher stets bis zum Ueberlaufen gefüllt ist, so tropft er infolge dessen dauernd, wodurch ein weiterer Wasserverlust und ein Wärmeverlust eintritt. Unter gleichen sonstigen Verhältnissen ist also der Wasser- und Wärmeverlust der offenen Speicher größer, als der der geschlossenen. Sie haben indes gegenüber den geschlossenen den Vorzug, daß eine Ueberspannung im Behälter niemals eintreten kann, wenn z. B. vergessen wird, den Strom abzustellen, oder wenn der selbsttätige Stromschalter versagt.

Bei geschlossenen Speichern kann die Wassertemperatur bis auf die dem jeweiligen Drucke entsprechende gesteigert werden; sie haben keine Tropfverluste, da das Ausdehnungswasser rückwärts in die Wasserzuleitung oder den Schwimmbehälter tritt und bei Wasserentnahme wieder in den Wärmespeicher zurückgelangt; außerdem fällt das lästige Dampfen bei den höheren Temperaturen fort, also auch dieser Dampfverlust. Die Wärmeverluste sind daher etwas geringer, allerdings nicht um die 3½ vH der Tropfverluste, sondern um etwas weniger; denn erstens beginnt das Tropfen schon bei anfangender Erwärmung; es tropft zuerst kälteres Wasser ab, allmählich erst wärmeres, so daß der Verlust von etwa 3½ vH Wasser einer mittleren Temperatur entspricht, und zweitens kühlt sich bei geschlossener Schaltung das zurücktretende Ausdehnungswasser ab, so daß nur ein kleiner Teil der in ihm enthaltenen Wärme wiedergewonnen werden kann. Allerdings wird das zurücktretende Wasser dicht über dem Boden des Wärmespeichers entnommen, wo in der Regel das Wasser etwas kälter ist als oben (vergl. darüber Zahlentafeln Nr. 2 und 6).

Das der Wasserleitung entnommene Wasser strömt beim Oeffnen eines Ventils in den Wärmespeicher von unten ein und drückt beim Hochsteigen das warme Wasser nach oben, so daß eine der zulaufenden Wassermenge gleich große Menge warmen Wassers oben austritt. Dabei soll aber die Wasserführung so sein, daß möglichst Wirbelbewegungen vermieden werden, damit der Bodenschlamm nicht hochgerissen und auch nicht das oben befindliche heiße Gebrauchswasser durch das stark aufströmende kalte unnötig gekühlt wird. Aehnlich ungünstig wirkt auch ein zu tief liegender Heizkörper, der einen starken Auftrieb verursacht. Der Austritt ist als Ueberlauf ausgebildet, damit keine Heberwirkung eintritt; dadurch ist es auch möglich, alles heiße Wasser aus dem Apparat herauszubekommen. Die größeren Speicher besitzen meist noch eine Temperaturregelvorrichtung, die beim Erreichen einer bestimmten einstellbaren Höchsttemperatur, meist 80 bis 85°, den Strom ausschaltet und nach einer gewissen Abkühlung des Inhaltes wieder einschaltet. Dieser Regler kann verschieden ausgeführt werden: entweder wird ein Quecksilberthermometer benutzt mit eingeschmolzenen Kontakten, die den Strom eines Auslösers schließen, der wiederum einen Ausschalter bedient (vergl. Abb. 6); oder man benutzt die Formänderung gewundener Rohre bei steigender Erwärmung, um einen Quecksilberschalter zu öffnen, der bei bestimmter Erwärmung den Magnetstromkreis schließt und den Stromschalter öffnet, einen Temperaturstab, Abb. 14, und dergl. mehr. Mehrere Ausführungsformen werden bei den untersuchten Speichern beschrieben. Was die Art der Heizung anbetrifft, so unterscheidet man Außenheizung mit Heizkörpern die an der Seitenfläche oder am Boden des Wärmespeichers angebracht sind, und Innenheizung mit sogenannten Tauchsiedern, die auswechselbar sind. Diese beiden Ausführungsarten bedingen grundlegende Verschiedenheiten in der Wärmeabführung. Bei der Außenheizung wird das Wasser einseitig geheizt; der betreffende Teil der Außenwände wird heißer als das geheizte Wasser, und bei Niederschlägen von Kesselstein an die Heizkörperwand steigt die Heizkörpertemperatur, also auch der Ausstrahlungsverlust. Bei der Seitenheizung kann jede metallische Verbindung zwischen Heizkörper und Außenmantel vermieden werden, bei der Bodenheizung indessen nicht. Bei der Innenheizung (Tauchsieder) wird die gesamte von dem Heizkörper erzeugte Wärme verlustlos an das ringsum befindliche Wasser abgegeben. Die Wärmeverluste des Wärmespeichers sind also lediglich durch Wärmeleitung und Strahlung der Isolierung und durch die metallischen Verbindungen zwischen Innenbehälter und Außenluft bedingt, ganz gleich, ob Wasser in den Speicher eingeführt oder aus ihm entnommen wird; sie sind nur abhängig von der Höhe der Wassertemperatur. Alle metallischen Verbindungen vom heißen Wasser nach außen müssen also möglichst vermieden werden. Befindet sich eine kältere Wasserschicht am Boden, in welche der Einlauf mündet, so wird an diesem Rohr die Wärmeabführung stark verringert, ebenso die Ausstrahlung des Bodens. Schwieriger ist die Verhinderung der Wärmeableitung beim Ueberlaufrohr, da es in die heißeste Wasserschicht hineinragt. Führt man indes, wie bei der Ausführung von Rittershaussen, das Ablaufrohr nicht sofort wagerecht heraus, sondern erst ein Stück durch die Schutzhülle nach unten, so bleibt auch dieses Ablaufrohr nahezu ganz kalt, weil wie bekannt, die Wärme im Wasser viel leichter nach oben steigt, als nach unten. Manche Anordnungen verstoßen gegen diese Erfahrung und sind deshalb erhöhten Wärmeverlusten ausgesetzt.

Setzt sich Kesselstein an den Heizkörper an, so bleibt der Wirkungsgrad des Wärmespeichers bei Heizkörpern, die ganz von Wasser umgeben sind, der gleiche, nur der Heizkörper selbst muß wärmer werden, um die in ihm entstehende Wärme an das umgebende Wasser abzuführen.

Der aus jedem Wasser sich beim Anwärmen ausscheidende Schlamm sammelt sich meist am Boden an; wird dieser also beheizt, so brennt der Schlamm leicht auf ihm fest, die Temperatur des Heizkörpers muß sich steigern, und die Ausstrahlungsverluste wachsen.

Aus allen diesen Erörterungen geht hervor, daß am günstigsten die Wärmespeicher mit Innenheizung arbeiten und solche, bei denen alle Wärmeableitungen möglichst vermieden werden, am ungünstigsten die mit Bodenheizung. Dabei ist bei geschlossener Schaltung noch ein weiterer kleiner Vorteil gegenüber der offenen erreichbar.

Auf verschiedene Einzelheiten wird im weiteren Verlauf der Untersuchung aufmerksam gemacht werden.

Die Versuche wurden an fünf Wärmespeichern in gleicher Weise vorgenommen. Deshalb soll der allgemeine Gang der Untersuchung vorerst besprochen werden, Abweichungen davon sind bei den Einzelberichten bemerkt. Die Versuche erstrecken sich auf die Vorgänge des Anwärmens, die Aufnahme der Abkühlungskurve sowie auf die Untersuchung der Wärmeverteilung im Innern der Speicher. Der Wasserinhalt wurde durch Wägung des auslaufenden Wassers festgestellt bei $\infty 15°$ C. Außerdem wurde der Stromverbrauch mittels eines geeichten Wattstundenzählers gemessen und bei den Dauerversuchen der Wasserverbrauch. Die Multiplikation der verbrauchten Kilowattstunden mit 859 (Wärmewert einer Kilowattstunde) ergab die während eines Versuches aufgewendete Wärmemenge. Vor Beginn jeden Versuches wurde Leitungswasser durch den Wärmespeicher so lange hindurchgelassen, bis eine gleichmäßige Temperatur oben und unten erreicht war; dann wurde der Strom auf den Speicher geschaltet und dieser sich selbst überlassen.

Der Temperaturanstieg wurde beobachtet und von Zeit zu Zeit zugleich mit der Lufttemperatur und dem Wattstundenzähler abgelesen. Aus den Werten wurde die **Erwärmungskurve** gezeichnet. Beim Ansteigen der Temperatur dehnt sich das Wasser im Wärmespeicher aus, und es tropft bei offener Schaltung eine entsprechende Menge Wasser ab; dieses Wasser ist natürlich als verloren zu betrachten.

Zur Bestimmung der Abkühlungskurven, Abb. 3, 8, 12, 15, 16, wurde der Inhalt des Wärmespeichers so hoch wie möglich erwärmt, sodann der Strom abgestellt und der Speicher sich selbst überlassen; von Zeit zu Zeit wurden die Temperaturen abgelesen.

Auf Grund dieser Ermittlungen kann nun der Wärmewirkungsgrad berechnet werden. Unter Wärmewirkungsgrad ist dabei das Verhältnis der Wärmemenge zu verstehen, die in das Wasser übergegangen ist, zu der in Form von elektrischer Energie eingeführten Wärmemenge. Bei der ersten Ermittlung zeigte sich ein Wert von über 100 vH. Da die Messungen richtig waren, konnte nur eine falsche Annahme über die Wärmeverteilung im Wärmespeicher vorliegen, und so war es auch. Die Voraussetzung, daß das Wasser im Wärmespeicher an allen Stellen annähernd gleiche Temperatur hatte, ist nicht zutreffend, sondern es zeigen sich beim Ablassen des Wassers von unten Temperaturunterschiede derart, daß zuerst kaltes Wasser abläuft und die Temperatur erst allmählich auf den Höchstwert steigt. Um die Verteilung festzustellen und die mittlere Temperatur berechnen zu können, wurden den Wärmespeichern am untersten Hahn kleine Wassermengen entnommen, und zwar 5 bis 6 ltr bei den größeren Speichern, 1 bis 2 ltr bei den kleineren, und die Anfangs- und Endtemperaturen im laufenden Strahle gemessen. Die Einzelwerte dieser Messungen wurden in Kurven, vergl. Abb. 4, 9, ... zusammengetragen; sie stellen also die Temperaturverteilung über den Inhalt bei verschiedenen Wärmezuständen dar. Durch Planimetrierung der Kurven kann man die mittlere Temperatur des Inhaltes für einen bestimmten Zustand gewinnen.

Im vorliegenden Falle wurde folgender Rechnungsgang gewählt: Es wurde das Mittel aus Anfangs- und Endtemperatur der kleinen dem Wärmespeicher jeweilig entnommenen Wassermengen genommen und der Wärmeinhalt der Wassermenge berechnet. Durch Addition der Teilbeträge ergab sich die gesamte Wärmemenge des ausgelassenen Wassers, und durch Teilung durch die im Wärmespeicher befindliche Wassermenge erhält man dann die mittlere Wassertemperatur.

Diese liegt um einige Grad niedriger als die am Ueberlauf oben im Behälter gemessene Ablauftemperatur.

Der **Wärmewirkungsgrad** wurde auf Grund der aufgezeichneten Schaulinien für die mittlere Temperatur des Inhaltes für Temperaturabschnitte von 10 zu 10° berechnet unter Berücksichtigung der in der gleichen Zeit in Form von elektrischem Strom eingeführten Wärmemenge. Aus den so erhaltenen Einzelwerten wurden die Wirkungsgradkurven gezeichnet. Für den Inhalt wurde diejenige Wassermenge zu Grunde gelegt, welche bei der mittleren Temperatur des untersuchten Temperaturabschnittes im Wärmespeicher vorhanden war. Die Tropfwassermenge bei offener Schaltung und die Ausdehnungswassermenge bei geschlossener Schaltung wurden als Verlust gerechnet.

Um eine Kleinigkeit, etwa 1 bis 2 vH, wird indes der Wirkungsgrad bei geschlossener Schaltung höher liegen.

I. Wärmespeicher der »Elektra G. m. b. H.«, St. Ludwig, Nr. 2333.
Inhalt 99,5 ltr.

Der Speicher, Abb. 1, besteht aus einem verzinkten zylindrischen Wasserkessel a von etwa 360 mm Durchmesser und etwa 1000 mm Höhe mit nach unten gewölbtem Boden und geradem Deckel. Der Behälter ist mit Schutz-

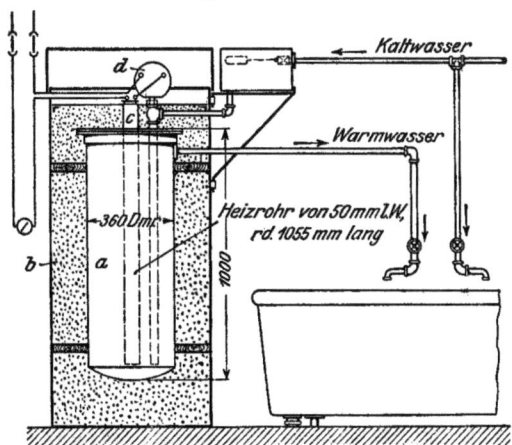

Abb. 1. Wärmespeicher der Elektra, 99,5 ltr. Anordnung II.

masse b umgeben und mit einem Blechmantel verkleidet, dessen Außenmaße 635×1550 mm sind. Der Heizkörper c ist am Deckel in der Mitte angebracht und ragt bis fast auf den Boden herab. Der Speicher besitzt ein Eintauchthermometer zur Temperaturregelung, das oben in ein geschlossenes, spiralförmiges Temperaturrohr endet, welches beim Wärmer- oder Kälterwerden einen Quecksilberkontakt d für den Strom zum Auslösen oder Einschalten bringt, Abb. 2. Die Wassereintritts- und Austrittsrohre münden oben wagerecht

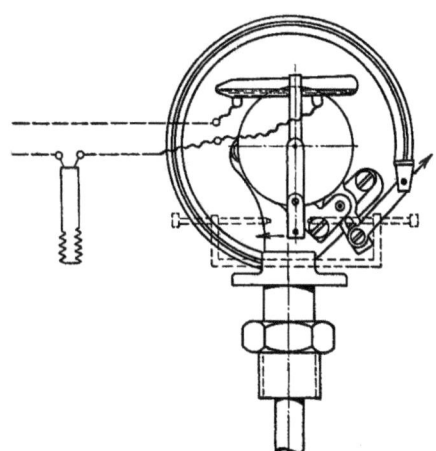

Abb. 2. Temperaturregler mit Quecksilberschalter für den Wärmespeicher der Elektra.

in den Behälter; das Eintrittsrohr ragt bis beinahe auf den Boden herab, so daß das einlaufende kalte Wasser von unten heraufsteigen und das warme durch den Ueberlauf vor sich herausdrücken kann. Unten am Gefäß befindet sich ein Auslauf zum Entleeren. Die Schaltung des offenen Wärmespeichers wurde bei den Versuchen so gewählt, daß sich der Absperrhahn vor dem Wärmespeicher

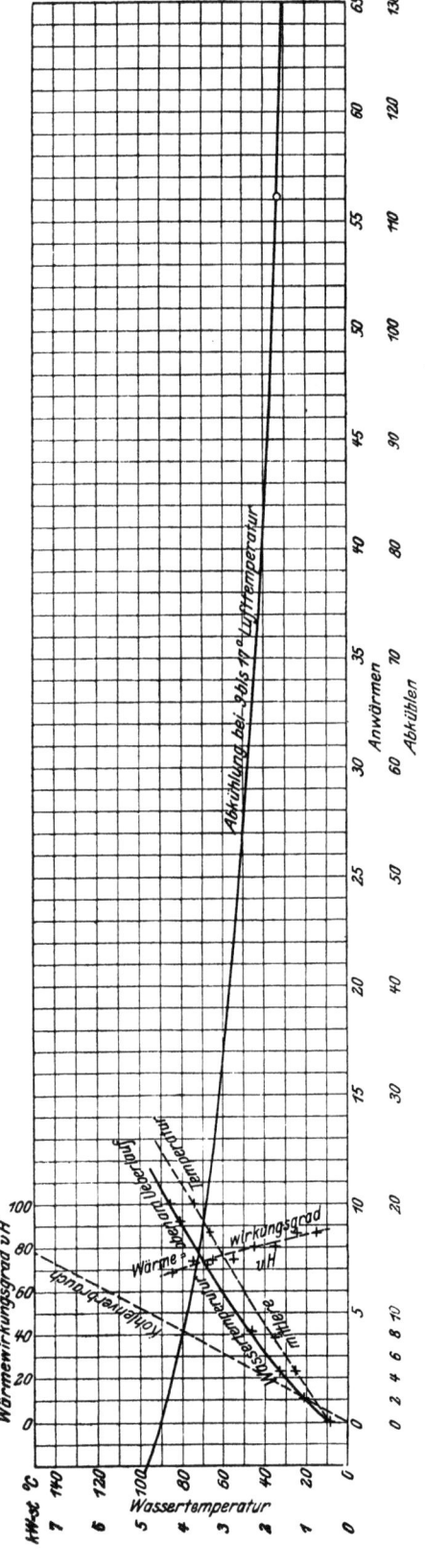

Abb. 3. Wärmespeicher der Elektra von 99,5 ltr Inhalt. Stromverbrauch 955 Watt/st.

befand. Die Schaltung war also in folgender Reihenfolge vorgenommen worden: Wasserleitung, Wassermesser, Absperrhahn, Wärmespeicher.

Das Regulierthermometer wurde ausgebaut und an seine Stelle ein Glasthermometer, das in einem Korkstopfen befestigt war, eingeschraubt; es ragte etwa 15 cm tief in das Wasser hinein.

Anwärmeversuche.

Die Erwärmungskurve, Abb. 3 und Zahlentafel 1, zeigt, von der Anfangstemperatur von 8,2° beginnend erst ein rascheres, dann ein etwas langsameres Ansteigen, entsprechend den mit höherer Temperatur des Wassers ebenfalls ansteigenden Abkühlungsverlusten. Es wurde in 5 Stunden eine Temperatur von 53,3°, nach 10 Stunden eine solche von 86° erreicht, und zwar gemessen im obersten Teile des Behälters am Ablauf. Dabei betrug die während einer Stunde aufgewendete elektrische Leistung im Durchschnitt 0,955 KW, entsprechend also $859 \times 0,955 = 821$ cal.

Wärmeverteilung.

Zahlentafel 2 und Abb. 4 geben die Temperaturverteilung im Wärmespeicher wieder bei verschiedenen Wärmezuständen. Am Boden ist die Temperatur am niedrigsten; sie steigt erst allmählich an, so daß etwa nur im obersten Fünftel gleichmäßig die Höchsttemperatur herrscht. So entspricht z. B. einer Ueberlauftemperatur von 72° im untersten Teile des Behälters eine Temperatur von 28° und ein Temperaturmittel von 62°. Für den gewählten Versuch betrug der Wärmeinhalt 6032 cal, die Zulauftemperatur 6,8°, der Wasserinhalt 97,3 kg; der Wärmespeicher nimmt eine Wärmemenge auf von $(62,0 - 6,8) \cdot 97,3 = 5370$ cal. Die eingeführte Wärmemenge betrug 7,53 kW-st $\times$ 859 = 6475 cal, der Wirkungsgrad

Zahlentafel 1. Anwärmeversuche mit Wärmespeicher Elektra.

Stunden	Luft-temperatur °C	Wasser-temperatur oben am Ueber-lauf °C	Strom-verbrauch insgesamt kW-st	Verbrauch in 1 st kW
0		8,2	0	
1,05	17	21,2		
1,30		23,2		
2,30		33,0		
4,13	17	46,3		
7,20	15,5	68,0	6,94	0,963
9,20		81,2		
10,00	17	85,5	9,55	0,955

Zahlentafel 2. Temperaturverteilung im Wärmespeicher Elektra.

		Wasser-temperatur °C	Wärme-einheiten cal	Wasser-temperatur °C	Wärme-einheiten cal	Wasser-temperatur °C	Wärme-einheiten cal	Wasser-temperatur °C	Wärme-einheiten cal	Wasser-temperatur °C	Wärme-einheiten cal
Wassertemper. vor Versuch	°C	9,8		7,8		6,8		8,2		8,2	
unten entnommene	0	10,8		12,5		27,0		30,0		36	
Wassermenge in kg	5,2	11,0		14,0		29,5		39		40	
	11,7	13,6		19,5		40,5		44		50,5	
	16,9	17,0		23,5		49,0		50		59	
	23,4	20,3		28,5		55,5		59		67,4	
	28,6	22,0		31,5		59,5		64		72,3	
	35,1	24,3		34,5		63,0		68		77,5	
	40,3	25,4		36,5		65,0		70,5		79,2	
	46,8	27,2		38,5		68,0		73,5		82,0	
	52,0	28,5		40,0		69,5		74,5		83,2	
	58,5	29,6		41,2		70,5		75,5		84,9	
	63,7	30,3		42,0		71,0		76,5		85,0	
	70,2	31,2		43,0		71,6		77,2		85,4	
	75,4	31,8		43,4		71,8		77,2		85,4	
	81,9	32,6		44,0		72,0		77,7		85,5	
	87,1	33,0		44,5		72,0		77,7		85,5	
	93,6	33,5		45,0							
Ueberlauftemperatur	°C	33,5		45,0		72,0		77,7		85,5	
Wasserinhalt	kg	99,1		98,5		97,3		96,6		96,20	
Wärmeinhalt	cal	2508		3412		6032		6456		7164	
mittlere Temperatur	°C	**25,3**		**34,75**		**62,0**		**66,7**		**74,5**	
aufgenom. Wärmemenge	cal	1541		2655		5370		5665		6380	
eingeführte »	»	1870		3165		6475		6980		8210	
Wirkungsgrad zwischen Anfangs- und Endtemperatur	vH	82,5		84,0		82,9		81,1		77,8	

also 82,9 vH. Diese Messungen wurden bei verschiedenen Zuständen des Behälters wiederholt und die Kurve der mittleren Temperatur in Abb. 3 eingetragen. Sie liegt wesentlich unter der Kurve, die für die Temperaturen des oben überlaufenden Wassers gilt.

Abkühlungsversuche.

Der Inhalt des Wärmespeichers wurde auf 90°, gemessen am Ueberlauf, erwärmt. In Abb. 3 ist der Verlauf der Abkühlung als Kurve eingetragen. Die Lufttemperatur betrug bei Tag etwa 14 bis 17° C, bei Nacht etwa 8 bis 10° C.

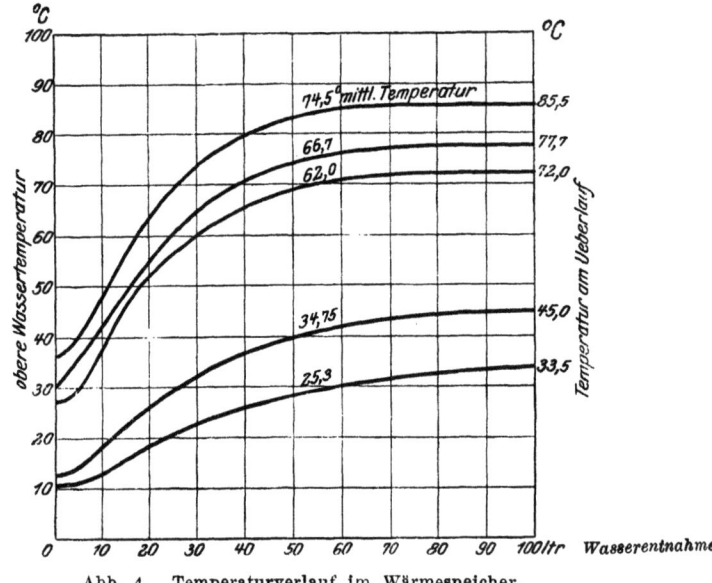

Abb. 4. Temperaturverlauf im Wärmespeicher.

Zahlentafel 3. Abkühlungsversuch. Wärmespeicher Elektra.
Wassertemperatur mit Eintauchthermometer gemessen oben am Ueberlauf.

Stunden	Lufttemperatur °C	Wassertemperatur oben am Ueberlauf °C	Bemerkungen zur Lufttemperatur
0	15,2	90,0	Nachts und Sonntags kälter, rd. 8 bis 10°
40,22		56,3	
42,04	14	56,2	
43,82		54,8	
48,0		52,8	
49,55	14	52,0	
65,5	16	45,0	Nachts kälter, 8 bis 10°
70,9	16,0	43,1	
88,5	14,0	37,9	
94,0	15,0	36,9	
97,6	15,0	36,0	
112,2	14,0	32,8	Nachts 11°

Bei hoher Temperatur des Wasserinhaltes geht die Abkühlung erst rascher vor sich und verläuft dann allmählich langsamer; Zahlentafel 3 gibt die Werte an.

Nach 20 st kühlte sich der Inhalt bis auf 68° ab, nach 40 st bis auf 57°, nach 60 st bis auf 48°, nach 100 st bis auf 36°, nach 130 st auf 31°. Der Verlauf der Abkühlung geht in den oberen Grenzen, wo der Speicher vornehmlich gebraucht wird, verhältnismäßig rasch vor sich.

Wärmewirkungsgrad.

Zwecks Aufzeichnung der Wirkungsgradkurve in Abb. 3 wurde der mittlere Wirkungsgrad für Temperaturabschnitte von 10° zu 10° ermittelt, Zahlentafel 4. Für jeden Temperaturabschnitt ist die im Wärmespeicher tatsächlich vorhandene Wassermenge zu Grunde gelegt worden. Zwischen 20 und 30° beträgt der Wirkungsgrad 84,8 vH; er fällt dann gleichmäßig bis auf 69 vH zwischen den Temperaturen 80° und 90°, und zwar ziemlich rasch; doch dürfte es leicht sein, durch besseren Wärmeschutz die Verluste wesentlich zu verringern.

Zahlentafel 4.
Mittlerer Wärmewirkungsgrad. Wärmespeicher Elektra 99,5 ltr
aus Kurven ermittelt in Temperaturabständen von 10 zu 10°.
Elektrische Leistung = 955 Watt.

für mittlere Temperaturen des Inhaltes von bis	Zeitdauer der Erwärmung	Wasserinhalt im Mittel	vom Wasser aufgenommene Wärme B	ins Wasser eingeführte Wärme E	Wärmewirkungsgrad $\frac{B}{E}$ 100
°C	st	kg	cal	cal	vH
10 bis 20	1,4	99,42	994,2	1150	86,5
20 » 30	1,4	99,31	993,1	1150	86,4
30 » 40	1,5	98,92	989,2	1232	80,2
40 » 50	1,5	98,52	985,2	1232	80,0
50 » 60	1,6	98,10	981,0	1313	74,6
60 » 70	1,6	97,56	975,6	1313	74,3
70 » 80	1,6	96,95	969,5	1313	73,7
80 » 90	1,7	96,28	962,8	1396	68,8

II. Wärmespeicher Ad. Rittershaußen, Kassel. Modell S 100.
Inhalt 101,8 ltr.

Der Speicher, Abb. 5, besteht aus einem zylindrischen Wasserkessel von 370 mm äußerem Durchmesser und 1090 mm Höhe mit nach oben gewölbtem Boden und gradem aufgeschraubtem Deckel am eingezogenen Halse. Der Inhalt des Behälters wurde auf Grund mehrerer Messungen zu 101,8 ltr festgestellt. Dicht über dem Boden befindet sich ein durchlöchertes Blech, unterhalb des-

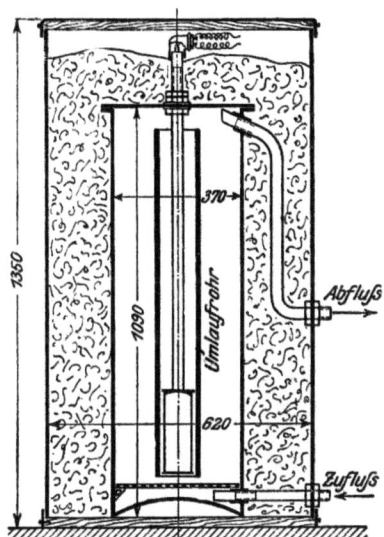

Abb. 5. Wärmespeicher Rittershaußen, Modell S 100.

selben an der tiefsten Stelle des Behälters ist der Kaltwasserzufluß angebracht. An der obersten Stelle mündet das Ueberlaufrohr, das erst ein Stück durch die Isoliermasse nach unten hindurchgeführt ist, ehe es den Verkleidungsblechmantel durchdringt. Oben am Deckel befindet sich für das Regulierthermometer ein Eintauchrohr, das gerade bis an die Wasseroberfläche reicht. Der Heizkörper ist am Deckel befestigt und ragt bis dicht über das gelochte Blech. Ueber den Heizkörper ist ein Umlaufrohr gehängt. Neben dem Wärmespeicher wurde ein besonderer Regler, Abb. 6, angebracht, bestehend aus einer Spule, einem Quecksilberunterbrecher und einem Auslöser, der bei Erwärmung des Wassers auf 85° selbsttätig den elektrischen Strom ausschaltet. Zu diesem Zwecke wird ein Quecksilberthermometer mit zwei eingeschmolzenen Kontakten in

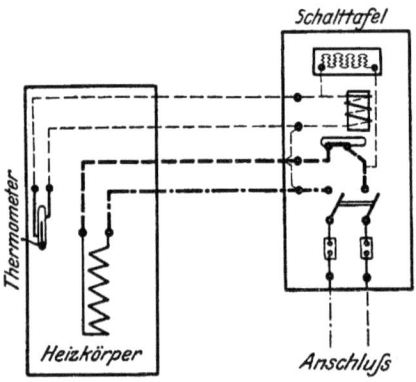

Abb. 6.

Regler für Wärmespeicher Rittershaußen Modell S 100. Schaltungsschema A. Zweileiter-Heizkörper mit 1 pol. Automaten.

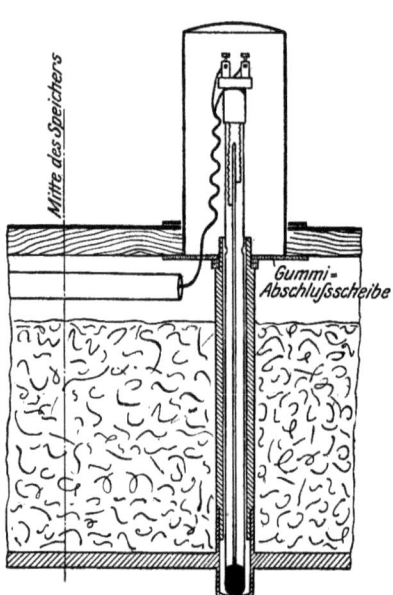

Abb. 7.

Wärmespeicher Rittershaußen Modell S 100. Aus dem Deckel hervorragendes Kontaktthermometer mit Deckelabschluß und Schutzhaube.

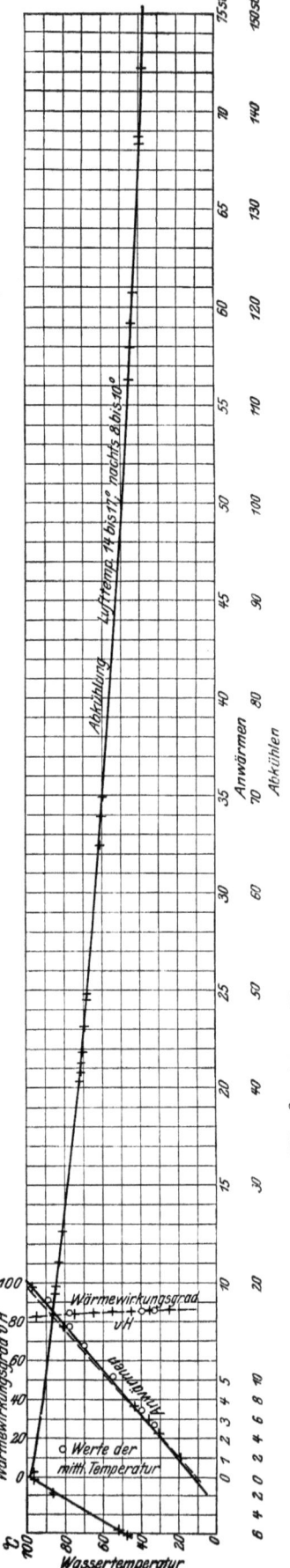

Abb. 8. Offener Wärmespeicher Rittershaußen Modell S 100. Stromverbrauch 1170 Watt st.

die Eintauchhülse gesteckt, so daß beim Steigen der Quecksilbersäule bis auf 85° der Nebenschlußstrom geschlossen wird, welcher den Kontakt zur Auslösung bringt und dadurch den Hauptstrom unterbricht. Der Nebenschlußstrom durch die Magnetspule hält während der ganzen Dauer der Anheizzeit den Magneten erregt und das Kontaktstück mit dem Stromunterbrecher angezogen; der Stromverbrauch beträgt dabei 0,05 Amp bei 220 V, also 11 Watt-st. Wird beim Steigen der Wassertemperatur auf den Höchstwert, der Thermometerstromkreis geschlossen, so wird der Magnet stromlos, das Kontaktstück fällt herab, und der Hauptstromkreis wird geöffnet. Bemerkenswert ist die Art und Weise wie das Thermometer angeschlossen ist; wie aus Abb. 7 zu ersehen, befindet sich am Deckel des Innenbehälters eine Eintauchhülse, die nur kurz über den Deckel hinausreicht. Zur Verlängerung durch den Schutzmantel hindurch wird in die Eintauchhülse ein Rohr aus Wärme schlecht leitendem Stoffe befestigt und oben gegen die Schutzhaube abgedichtet. In dieses Rohr wird das Thermometer eingesteckt und über das ganze eine Schutzhaube gedeckt, so daß eine metallische Verbindung zwischen Innenbehälter und Außenluft durch das Thermometer nicht besteht.

Der Wärmespeicher

wurde für den Versuch so an die Wasserleitung angeschlossen, daß er offen arbeitete, d. h. also, der Absperrhahn befand sich zwischen Wärmespeicher und Wasserleitung, so daß der Wärmespeicher nicht unter Druck stand. Diese Anordnung wurde gewählt trotz des etwas geringeren Wirkungsgrades gegenüber der geschlossenen Anordnung, weil sich der Wirkungsgrad hierbei genau bestimmen läßt. Das infolge der Erwärmung austropfende warme Wasser ist als Wärmeverlust anzusehen. Bei dem Versuch wurde an Stelle des Kontakt thermometers in die Eintauchhülse ein anderes geeichtes Thermometer eingesetzt und daran die Ablesung vorgenommen.

Zahlentafel 5.
Anwärmeversuch. Wärmespeicher Rittershaußen.
Offene Schaltung.

	Stunden	Lufttemperatur °C	Wassertemperatur, in Hülse gemessen °C	Stromverbrauch eingeführt insgesamt kW-st	in 1 st kW	Bemerkungen zur Lufttemperatur
I. Versuch	—	18	12,0	—	—	
	1,0	19	19,0	1,196	1,196	
	2,25	20	30,9	2,66	1,180	
	3,0	—	35,9	3,53	1,178	
	3,70	16	43,1	—	—	
	6,77	17	71,2	7,93	1,175	
	7,75	—	80,4	9,05	1,170	
	8,45	—	86,8	—	—	
	9,00	21	90,8	10,50	1,170	
	9,80	19	96,8	11,49	1,170	
		abgestellt und abgekühlt				
	14,60	—	86,6	—	—	Nachts rd. 10 °C
II. Versuch	—	15	11,2	—	—	
	1,0	—	19,6	1,243	1,243	
	1,78	15	26,5	2,165	1,215	
	2,90	16	36,6	3,470	1,194	
	3,50	16	42,1	4,19	1,196	
	7,13	17	75,7	8,48	1,190	
	8,03	17	84,3	9,54	1,187	
	8,82	17	91,8	10,45	1,185	

Wassererwärmung.

In der Abb. 8 ist der Verlauf des Temperaturanstieges, gemessen an der Eintauchhülse, auf Grund der Werte in Zahlentafel 5 eingetragen. Von 12° beginnend wurde nach 5 st eine Temperatur von 56° und nach 10 st eine solche von 99° erreicht. Dabei betrug der Aufwand an Strom im Durchschnitt 1,170 kW-st bei 220 V. Der Temperaturanstieg verläuft ziemlich genau nach einer geraden Linie, die oben etwas abbiegt

Mittlere Temperatur.

Mittels eines in die Zulaufleitung eingeschalteten Hahnes wurden aus dem Wärmespeicher Wassermengen von 5 zu 5 kg abgelassen und die Temperaturen vermerkt. Die Ergebnisse sind in Abb. 9 sowie in Zahlentafel Nr. 6 zusammengestellt. Die Erwärmung des Inhaltes ist wesentlich gleichmäßiger als bei dem unter Nr. 1 untersuchten Wärmespeicher. Nach Entnahme von etwa ⅛ des Inhaltes war nahezu die Höchsttemperatur erreicht. Die mittlere Temperatur weicht nur wenig von der in der Eintauchhülse gemessenen ab; z. B. betrug bei einer größten Wärme von 72,4° die Temperatur dicht über dem Boden 48°, die mittlere Temperatur 70,2° und die Temperatur an der Eintauchhülse 70,7°.

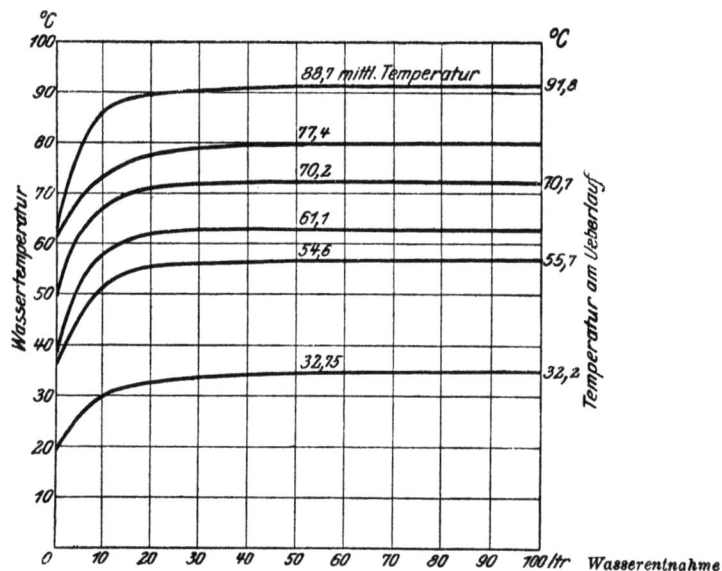

Abb. 9. Temperaturverlauf im Wärmespeicher Rittershaußen Modell S 100.

Abkühlungsversuch.

Der Verlauf der Abkühlung von 98,5° an ist aus Abb. 8 und Zahlentafel 7 ersichtlich. Die Lufttemperatur betrug bei Tage 14 bis 17°, bei Nacht 8 bis 10°. Die anfänglich etwas raschere Abkühlung wird mit fortschreitender Abkühlung in der Zeiteinheit immer langsamer; nach 20 st war die Wassertemperatur auf 85° gesunken, nach 40 st auf 73°, nach 60 st auf 64°, nach 100 st auf 48°, nach 130 st auf 41°, nach 150 st auf 38°. Die Kurve hat einen sehr gleichmäßigen Verlauf und wird mit fortschreitender Temperaturabnahme, also mit fallenden Abkühlungsverlusten, allmählich flacher. Die Wärmeabnahme ist als äußerst gering zu bezeichnen, sie bewegt sich wie die unten befindliche Zahlentafel 21, S. 28, zeigt, zwischen stündlich 0,76° in den Temperaturgrenzen von 90 bis 100°, und 0,30° in den Temperaturgrenzen von 40 bis 50° Die Umhüllung muß demnach als gut bezeichnet werden.

Zahlentafel 6. Temperaturverteilung im Wärmespeicher Rittershaußen.

		Wassertemperatur °C	Wassertemperatur °C	Wassertemperatur °C	Wassertemperatur °C	Wassertemperatur °C	Wassertemperatur °C
Wassertemper. vor Erwärmung °C		12,0	10,3	12,0	11,6	11,9	11,2
entnommene Wassermenge	0	19	36	61	48	27,0	62,8
in kg	5	25,5	45,5	65	62	31,0	78,9
	10	30,0	51,2	75	67	36,0	87,0
	15	31,4	54,3	75,3	70	38,0	88,0
	20	32,3	55,3	77,5	71	39,1	89,6
	25	33,0	55,5	78,0	71,2	—	89,8
	30	33,2	56,0	79,0	71,7	40,0	90,1
	35	33,3	56,1	79,1	72,0	40,0	90,2
	40	34,0	56,4	79,3	72,2	40,3	90,6
	45	34,1	56,4	79,3	72,2	40,7	91,0
	50	34,1	56,8	79,5	72,3	40,9	91,2
	60	34,6	57,0	79,8	72,4	41,2	91,4
	70	35,0	57,2	79,9	72,4	41,5	91,4
	80	35,1	57,1	80,0	72,4	41,9	—
	90	35,1	57,1	80,0	—	41,9	—
Ueberlauftemperatur . in Hülse		35,1	57,1	80,0	72,4	41,9	91,4
Wasserinhalt . . . . . kg		101,42	99,95	98,5	99,13	101,38	98,0
Wärmeinhalt . . . . . cal		3325	5469	7627	6954	3973	8689
mittlere Temperatur . . . °C		32,75	54,65	77,4	70,2	39,15	88,7
aufgenom. Wärmemenge . cal		2108	4430	6440	5800	2765	7600
eingeführte Wärmemenge . »		2460	5110	7630	6670	3240	8980
Wirkungsgrad über den ganzen Temperaturbereich . vH		**85,7**	**86,8**	**84,4**	**87,0**	**85,3**	**84,6**
Temperatur mit Eintauchthermometer . . . °C		32,20	55,70		70,7	39,20	91,8

Zahlentafel 7.
Abkühlungsversuch. Wärmespeicher Rittershaußen.

Stunden	Wassertemperatur °C	Lufttemperatur °C	Lufttemperatur nachts °C	Stunden	Wassertemperatur °C	Lufttemperatur °C	Lufttemperatur nachts °C
Anheizen				Strom abgestellt, Abkühlung			
0	47,2	14,5		43,72	70,6	16,0	
0,49	51,8	14,5		46,22	69,8	17,5	
4,17	83,5	16,5		49,02	68,3	19,5	
5,87	98,0	18,3		49,62	67,8	20	} 9 bis 12°
Strom abgestellt, Abkühlung				64,86	61,0	17,2	
0	98,0	18,3		67,95	60,1	17,5	
0,62	96,8	18,0		69,82	59,5	19,3	} 7 » 10°
1,62	96,2	18,0		112,62	45,1	16,0	
16,62	86,3	14,0		115,95	44,3	—	
17,62	85,9	15,5		118,42	44,1	—	
18,95	85,1	15,5		121,45	42,8	15,5	} 10 » 12°
19,62	84,9	15,6		136,62	39,6	17	
22,12	83,0	16,0		137,42	39,3	17	
25,22	81,2	16,0	} 8 bis 10°	144,52	38,3	19	
40,62	72,3	14,5		166,37	34,6	19	
41,54	71,3	16,0		187,04	32,0	15	
42,54	71,5	16,0		215,62	29,3	16	

Wärmewirkungsgrad.

Die Wirkungsgrade aus den jeweiligen Versuchen in Zahlentafel 6 sind als Mittel über den ganzen Temperaturbereich gewonnen worden. Z. B. gilt der Wirkungsgrad von 84,6 vH in dem Temperaturbereich von 11,2° bis 91,4°.

In nachstehender Zusammenstellung 8 dagegen sind die Wirkungsgrade aus den Mittelwerten der Kurven für gleiche Temperaturabschnitte von 10° zu 10° berechnet worden. Sie finden sich eingetragen in Abb. 8.

Zahlentafel 8.
Mittlerer Wärmewirkungsgrad des Wärmespeichers
Rittershaussen 101,8 ltr
aus Kurven ermittelt in Temperaturabständen von 10 zu 10°
Elektrische Leistung = 1170 Watt.

für mittlere Temperaturen von bis	Zeitdauer der Erwärmung	Wasserinhalt	vom Wasser aufgenommene Wärme B	ins Wasser eingeführte Wärme E	Wärmewirkungsgrad $\frac{B}{E} \cdot 100$
°C	st	kg	cal	cal	vH
20 bis 30	1,18	101,51	1015,1	1186	85,7
30 » 40	im Mittel	101,21	1012,1	1186	85,3
40 » 50	»	100,81	1008,1	1186	85,0
50 » 60	»	100,35	1003,5	1186	84,6
60 » 70	»	99,82	998,2	1186	84,2
70 » 80	»	99,22	992,2	1186	83,6
80 » 90	»	98,56	985,6	1186	83,1
90 » 100	»	97,84	978,4	1186	82,5

Wärmewirkungsgrad im Temperaturbereiche von je 10° zu 10° entsprechend $\frac{\text{vom Wasser aufgenommene Wärme}}{\text{ins Wasser eingeführte Wärme}}$.

Der Wirkungsgrad liegt zwischen 20 bis 30° bei 85,7 vH und fällt nahezu gleichmäßig bis auf 82,5 vH zwischen 90 bis 100°; der Abfall bei höheren Temperaturen ist verursacht durch die größeren Abkühlungsverluste und durch den steigenden Wärmeverlust des abtropfenden Wassers. Der Wärmewirkungsgrad bewegt sich im ganzen Meßbereich zwischen 84,4 vH und 87 vH, muß also sehr günstig genannt werden. Wie schon oben erwähnt, würde er sich bei der geschlossenen Anordnung des Wärmespeichers noch um bis 2 vH erhöhen.

III. Wärmespeicher »Rittershaußen«, Kassel, Modell A R 25, Inhalt 26,65 ltr, für 220 V.

Der Speicher, Abb. 10 und 11, besitzt eine erhöhte halbzylindrische Form von 700 mm Höhe, 350 mm Dmr. und 320 mm Tiefe. Das Wassereintrittsrohr mündet unten ein. Der Innenbehälter besteht aus verzinntem Blech und ist mit einem Wärmeschutz und einem Blechmantel umgeben. Der Wasserüberlauf geht durch die Umhüllung, mündet am Boden und besitzt am Auslauf einen Absperrhahn. Der Speicher ist also geschlossen geschaltet unter Einbau eines kleinen Federsicherheitsventiles und steht unter Wasserleitungsdruck. Er ist ausgestattet mit einem elektrischen Gruppenschalter, der drei Heizstufen zu geben erlaubt. An der Vorderseite trägt der Speicher ein Thermometer, das die mittlere Temperatur des Inhaltes anzeigt. Auf der Oberseite befindet sich eine Eintauchhülse für ein Reguliertherometer, das in gleicher Weise wie bei dem unter II beschriebenen Speicher S 100, S. 11, einen Regler bedient, der den

— 17 —

Strom nach Erreichung einer bestimmten Höchsttemperatur einschaltet und dann wieder ausschaltet; indeß kann bei dieser kleinen Bauart der Regler fortgelassen werden, da ihn der Gruppenschalter ersetzt. In die Hülse wurde ein Glasthermometer eingesetzt. Der Heizkörper ist wagerecht dicht über dem Boden angeordnet. Der Wasserinhalt wurde wie folgt gemessen: Da der Speicher

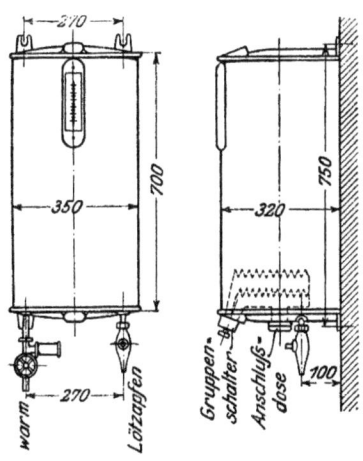

Abb. 10 und 11.
Geschlossener Wärmespeicher Rittershaußen, Modell AR, Inhalt 26,65 ltr.

während des Betriebes unter vollem Wasserleitungsdruck steht und dabei naturgemäß die Wasserfüllung infolge der Zusammendrückung der oben stehenden Luftsäule größer ist, so wurde er unter Leitungsdruck gefüllt, die Ein- und Auslaufhähne geschlossen und voll gewogen; dann wurde das Wasser abgelassen, soweit es von selbst ablief, der Rest wurde durch Einblasen in die Ueberlaufleitung entfernt. Nach Abzug des Leergewichtes bestimmte sich der Wasserinhalt bei 21° zu 26,70 kg, entsprechend 26,65 ltr. Wird der Inhalt im drucklosen Zustande ermittelt, von der Wasserhöhe an, wenn aus dem Ueberlauf nichts mehr abläuft bis zur völligen Entleerung, so ergibt sich der Inhalt zu 21,05 kg.

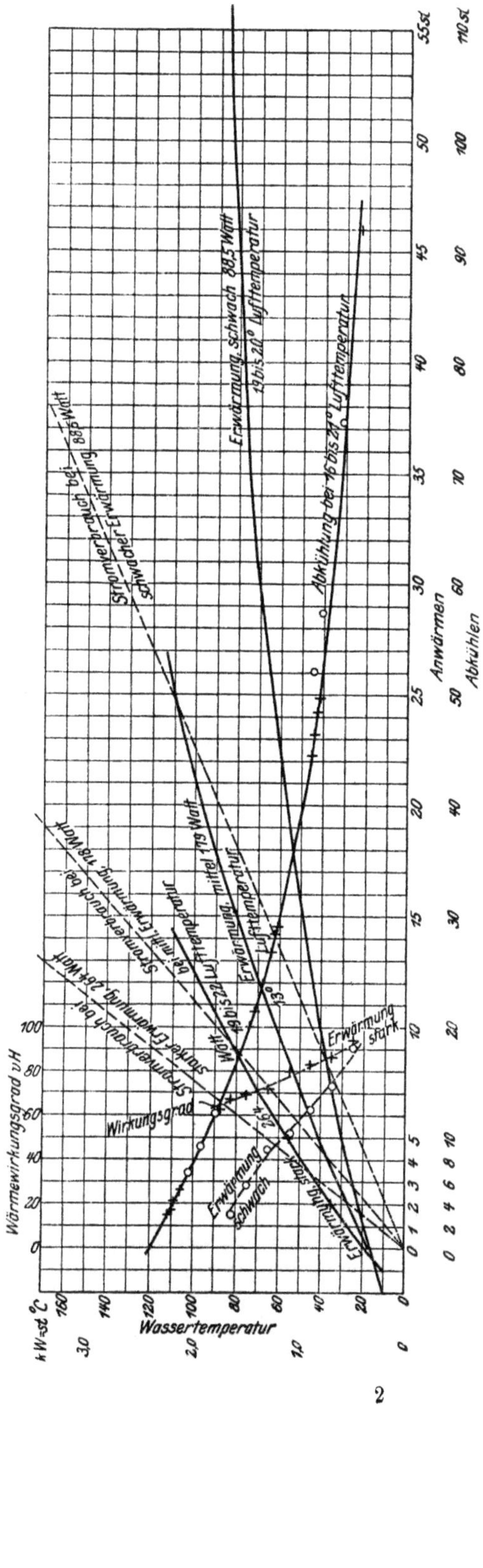

Wassererwärmung.

Unter Benutzung des Schalters für starke, mittlere und schwache Erwärmung wurden bei

Abb. 12. Wärmespeicher Rittershaussen. Inhalt 26,65 ltr, Stromverbrauch 264 Watt-st.

Forschungsarbeiten. Heft 214.

2

Zahlentafel 9.
Anwärmeversuche mit Wärmespeicher Rittershaußen.
Geschlossene Schaltung. Wärmespeicher steht unter Druck.

Stunden	Luft-temperatur °C	Wasser-temperatur °C	Stromverbrauch insgesamt kW-st	in 1 st kW	Bemerkungen
0	18,9	18,6	0		
0,585	—	24,6	158		
1,485	—	30,8	401		
2,07	22,3	35,1	545		
2,73	22,9	39,8	721	261	
3,08	—	42,3	—		
5,95	23,8	61,8	1543		
6,88	23,5	67,5	1786		Schalter auf »stark« gestellt
7,47	23,3	70,9	1930		
8,28	23,5	76,4	2160		
0	20,1	67,0	0		
0,52	20,5	70,4	134		
1,42	20,7	75,8	366	264	
3,20	20,6	86,6	835		
4,00	20,7	91,2	1049		
5,35	22,8	99,8	1408		
0	12,5	17,4	0		
0,60	12,8	20,0	108		
2,66	13,0	29,9	451		
5,75	13,4	43,8	1005	178	Schalter auf »mittel« gestellt
7,75	13,2	52,2	1342		
22,75	12,6	104,7	4082		
24,30	12,8	108,1	—		
25,50	13,0	110,7	4530		
0	19,0	17,0	0		
1,17	19,6	20,3	—		
3,87	20,7	26,9	—		
5,90	21,1	31,6	—		
6,75	21,0	33,6	603	88,5	
21,00	18,7	58,5	1865		
22,45	19,0	59,7	—		
28,0	20,7	68,4	2480		Schalter auf »schwach« gestellt
28,48	—	70,1	—		
30,26	21,7	72,6	2693		
0	20,6	68,5	0		
14,55	17,8	80,3	—		
18,80	21,8	82,7	—	89,0	
20,98	22,1	83,5	—		
21,55	22,2	84,7	—		
38,60	18,4	87,9	3430		

geschlossener Schaltung drei Erwärmungskurven aufgenommen, Abbildung 12 und Zahlentafel 9. Die Kurve für starke Erwärmung läuft schwach gekrümmt, sie erreicht von 18,5° Anfangstemperatur nach 8,8 st eine Temperatur von 8,8°. Bei mittlerer Heizstärke werden von 17,0° an beginnend nach 16,4 st 85° erreicht; und bei Einstellung auf schwache Erwärmung wird eine Temperatur von 80° nach 42 st und von 85° nach 53 st erhalten. Die starke Erwärmung beansprucht 264 Watt, die mittlere Erwärmung 179 Watt und die schwache Erwärmung 88,5 Watt. Es ist beachtenswert, wie sich der Stromverbrauch, demnach also die Kosten, für eine Wasserfüllung von bestimmter Temperatur berechnet, je nachdem man die eine oder andere Heizstufe einstellt. Zusammengestellt ergibt sich folgendes Bild aus den Linien bei einer Anfangstemperatur von 19° beginnend.

	Erwärmung auf 60°		Erwärmung auf 70°		Erwärmung auf 80°	
	Zeitdauer Stunden	Wattstunden- verbrauch	Zeitdauer Stunden	Wattstunden- verbrauch	Zeitdauer Stunden	Wattstunden- verbrauch
Stromstufe stark 264 Watt	5,7	1505	7,3	1930	8,9	2350
mittel 178 »	9,4	1675	11,9	2120	14,5	2580
schwach 88,5 »	21,2	1890	28,5	2540	41,2	3670

Es ist zu beobachten, daß bei schwacher Erwärmung die Wassertemperatur praktisch überhaupt nicht mehr über 86° hinaus steigt, daß also hier die elektrische Leistung gerade ausreicht, um die Wärmeverluste zu decken.

Aus der Zusammenstellung ist ersichtlich, daß es sehr unvorteilhaft ist, für die Erwärmung des Wassers die schwache Heizstufe zu benutzen, da der elektrische Arbeitsaufwand hierbei bis mehr als auf das anderthalbfache wächst gegenüber der Erwärmung mit der starken Heizstufe; das zeigt auch der Vergleich der drei Kurven für den Stromverbrauch. Man wird also gut tun, zur Anwärmung stets die Heizstufe »stark« zu benutzen und nur über Nacht oder dann, wenn der Wärmespeicher die Höchsttemperatur erreicht hat, die Stufe »schwach« einzuschalten. Man erspart bei der Einrichtung dieser Stufenschaltung einen besonderen Temperaturregler, weil beim Einschalten der niedrigsten Stufen überhaupt niemals eine unzulässige Erwärmung eintreten kann. Sollte indes aus Versehen eine starke Heizstufe eingeschaltet sein, so schützt das eingebaute Sicherheitsventil den Wärmespeicher vor übermäßigem Druck.

Zahlentafel 10.

Abkühlungsversuche mit Wärmespeicher Rittershaußen.
Geschlossene Schaltung. Inhalt steht unter Wasserleitungsdruck.

Stunden	Luft- temperatur °C	Wasser- temperatur °C	Bemerkungen	Stunden	Luft- temperatur °C	Wasser- temperatur °C
0	—	120,0		0	22,8	99,8
3,05	—	112,0		40,43	—	44,7
3,40	—	110,3		43,06	—	43,3
4,25	18,3	109,0		44,06	—	40,0
5,25	18,1	106,0		46,81	—	40,0
20,07	16,0	74,2		48,15	18,7	39,8
21,42	—	72,0		49,53	—	39,2
24,00	—	68,0		65,64	—	33,4
26,75	17,5	64,30				
28,39	18,0	62,0		0	20,6	102,0
29,07	17,6	61,3	Nachts kühler	1,37	20,1	99,3
44,54	14,2	45,3		2,42	19,9	96,7
46,42	15,1	44,3		3,42	—	94,6
48,42	15,8	42,9	Nachts etwa	5,42	—	89,6
49,75	15,4	41,9	11 bis 14°	5,82	—	88,5
92,0	11,4	23,5		45,32	16,3	44,5
				46,85	16,5	43,5
				48,17	16,4	42,4
				50,64	16,4	40,7
				53,00	16,5	39,1
				67,83	16,5	31,4

Mittlere Wassertemperatur

Da die Heizkörper dicht über dem Boden liegen, erwärmt sich das Wasser so gleichmäßig, daß die mittlere Temperatur nur etwa $1/2°$ unter der Ueberlauftemperatur des Wassers liegt.

Abkühlungsversuche.

Da der Wärmespeicher in geschlossener Schaltung arbeitete, so konnte eine hohe Endtemperatur erzielt werden. Der Wasserinhalt wurde bis auf 120° angewärmt und dann der Strom abgeschaltet. Die Lufttemperatur betrug etwa 15 bis 20°.

Die Abkühlungskurve verläuft erst steiler, dann langsam flacher, Abb. 12 und Zahlentafel 10. Nach 10 st betrug die Wassertemperatur noch 94°, nach 20 st 74°, nach 30 st 60°, nach 40 st 49°, nach 60 st 36°, nach 80 st noch 28°. Im Verhältnis zu dem geringen Inhalte sind die Abkühlungsverluste nicht zu hoch zu nennen, obgleich sie beträchtlich größer sind als bei dem 100 ltr-Speicher.

Wärmewirkunggrad.

Auf Grund der Zahlentafel 11 wurden für starke und schwache Heizung die Wirkungsgradkurven in Abb. 12 eingezeichnet. Der Wirkungsgrad für starke Erwärmung liegt wesentlich höher als derjenige für schwache Erwärmung; er beträgt im ersten Falle bei 30° rund 90 vH und fällt bis auf 67 vH

Zahlentafel 11.
Mittlerer Wärmewirkungsgrad des Wärmespeichers
Rittershaussen 26,65 ltr
für Temperaturbereiche von 10 zu 10°. Wattverbrauch: Heizung stark 264 Watt, Heizung schwach 88,5 Watt.

für mittlere Temperatur des Inhaltes von bis °C	Zeitdauer der Erwärmung st		Wasserinhalt	vom Wasser aufgenommene Wärme B	ins Wasser eingeführte Wärme E cal		Wärmewirkungsgrad $\frac{B}{E} 100$ vH	
	Heizung stark	Heizung schwach	kg	cal	Heizung stark	Heizung schwach	Heizung stark	Heizung schwach
20 bis 30	1,25	3,9	26,70	267	284	296	94,0	90,3
30 » 40	1,35	4,7	26,50	265	307	357	86,5	74,3
40 » 50	1,40	5,5	26,39	263,9	318	418	83,0	63,2
50 » 60	1,45	6,6	26,28	262,8	329	502	80,0	52,4
60 » 70	1,60	7,7	26,18	261,8	363	586	72,2	44,6
70 » 80	1,65	12,1	26,03	260,3	375	920	69,5	28,3
80 » 85	0,85	11	25,91	129,6	193	826	67,3	15,5
85 » 90	0,90	—	25,83	129,1	205	—	63,0	—

bei 80°; bei schwacher Erwärmung, wobei nur 88,5 Watt zur Heizung aufgewendet werden, fällt der Wirkungsgrad von 81 vH bei 30° auf 21 vH bei 80° und nähert sich dann rasch dem Endwerte 0, d. h. der elektrische Aufwand von 88,5 Watt ist nicht imstande, den Inhalt über eine gewisse Temperatur hinauf zu erwärmen, die etwa bei 86° liegt.

IV. Wärmespeicher der Therma G. m. b. H., München[1]).
Inhalt 9,675 ltr.

Der zum Versuch benutzte Speicher für 110 V, Modell 3870 Nr. 38826 für rd. 10 ltr Inhalt, besteht aus einem Innenwasserkessel aus verzinntem Messing mit Schutzmasse zwischen Wasserkessel und Außenmantel. Der mittlere Teil des Bodens ist nicht isoliert und bietet mit dem darauf gebauten metallischen Teile reichlich Gelegenheit zur Wärmeabführung. Die Außenform entspricht einem Zylinder mit oben und unten abgerundeter Kappe, Abb. 13. Der äußere Durchmesser beträgt 265 mm, die Gesamthöhe des Speichers 505 mm, das Gewicht etwa 9 kg. Am Boden ist ein Entleerungshahn angebracht; an der obersten Stelle ein Ueberlaufrohr, das durch den ganzen Speicher nach unten hindurchgeht, sowie ein Einlaufrohr, das dicht über dem Boden einmündet. Der Speicher wurde für den Versuch als offener Wärmespeicher geschaltet, er stand also nicht unter Druck. Der Heizkörper reicht vom Boden ab als breiter Stab 200 mm

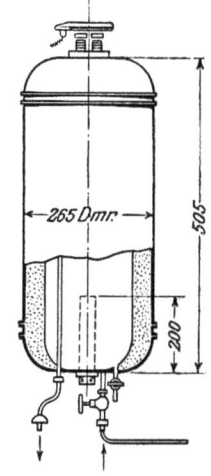

Abb. 13.
Offener Wärmespeicher
Therma.

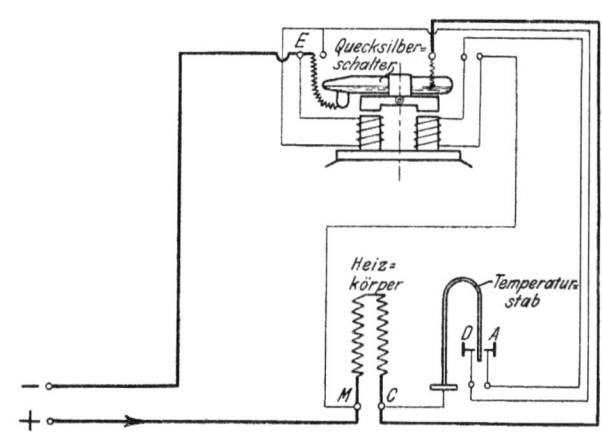

Abb. 14. Wärmespeicher Therma, Temperaturregelvorrichtung.

tief in den Behälter hinein und kann leicht am Boden angeschraubt werden. Der Speicher ist mit einer selbsttätigen Temperaturregelvorrichtung ausgerüstet, die eine leichte Einstellbarkeit für eine bestimmte Endtemperatur besitzt, bei der der Strom selbsttätig ausgeschaltet und bei entsprechender Abkühlung des Inhaltes dann wieder selbsttätig eingeschaltet wird. Verwendet wird ein Heizstab, der vom Boden aus in eine vom Wasser umspülte Hülse eingeführt ist. Während der Erwärmung berührt der Heizstab den einen Kontakt und schließt den einen Magnetstromkreis. Mit fortschreitender Erwärmung biegt der Heizstab nach der anderen Seite aus, berührt einen Kontakt und setzt den zweiten Magneten in Tätigkeit. Die Einrichtung und Schaltung des Temperaturreglers ist aus Abb. 14 erkenntlich. Der Hauptstrom nimmt seinen Weg durch den Heizkörper des Wärmespeichers und den Quecksilberschalter hindurch. Liegt der Temperaturstab links am Kontakt an, d. h. auf Einschaltestellung, so geht ein Nebenschluß über C, den Temperaturstab über D nach dem linken Magnet über E in die Stromabführung. Dadurch wird der Magnet erregt, der Quecksilberschalter

---

[1]) Die Firma teilt mit, daß dieses Modell 1914 durch ein neues verbessertes ersetzt werden soll, das indes noch nicht fertiggestellt werden konnte.

nach links herabgezogen und der Strom geschlossen. Da dem Strom jetzt der günstigere Weg über den Quecksilberschalter zur Verfügung steht und die Magnetwicklung einen hohen Widerstand von etwa 650 Ohm hat, so geht durch die Magnetwicklung kein Strom mehr; der Magnet hat also während der Anheizzeit keinen Stromverbrauch. Hat das Wasser sich erwärmt, so daß der Temperaturstab den rechten Kontakt berührt, so nimmt der Strom den Weg von *M* über den rechten Magneten nach *A*, über den Temperaturstab nach *C* zurück; der rechte Magnet wird erregt und der Quecksilberschalter nach rechts herübergerissen, wobei der Strom ganz unterbrochen wird. Die Schalteinrichtungen erfordern daher keinen dauernden Stromverbrauch, sondern nur einen Stromstoß von 0,17 Amp Stärke. Bei Abkühlung nach Ausschalten des Stromes geht der Heizstab langsam in seine ursprüngliche Form zurück, berührt den ersten Kontakt, schließt den ersten Nebenschlußstrom und zieht den Quecksilberschalter heraus, womit der Hauptstrom wieder eingeschaltet wird.

Anwärmen.

Eine Thermometerhülse befindet sich nicht am Speicher; es wurde deshalb ein anderes Verfahren als bei den bisherigen Versuchen eingeschlagen. Nach einer beliebigen Zeit des Anwärmens wurde der Strom abgestellt und die Temperatur des überlaufenden Wassers gemessen; sodann wurde der Versuch abgebrochen, der Speicher wieder gefüllt, und von derselben Anfangstemperatur aus wurde eine Reihe anderer Versuche mit andern Zeiten wiederholt (Zahlentafel 12), so daß die ermittelten jeweiligen Endtemperaturen zu einer Kurve, Abb. 15, zusammengetragen werden konnten. Der Temperaturanstieg verlangsamt sich allmählich. Das mit 15,0° eingefüllte Wasser erwärmte sich nach 5 st auf 52°, nach 10 st auf 74°, und nach 12 st auf 80°. Der weitere An-

Zahlentafel 12.
Anwärmeversuche mit Wärmespeicher Therma.
Offene Schaltung.

Versuch Nr.	Stunden	Lufttemperatur °C	Wassertemperatur		Stromverbrauch		mittlere Temperatur des Inhaltes °C
			Anfang °C	Ende °C	insgesamt kW-st	in 1 st kW	
1	1,616	19,5	18,8	32,7	—	109	—
2	3,10	20,7	18,8	43,3	—	108,3	—
	6,01	20,7	—	61,7	—	—	—
	6,9	20,7	—	64,8	—	108	—
3	8,55	21,6	18,8	70,5	—	110	—
4	8,60	21,2	18,8	71,0	—	105	—
5	9,55	20,2	18,8	77,0	—	108,2	—
6	8,07	20,0	46,1	82,0	—	107,2	—
7	6,1	17	10,4	53,8	0,647	106	53,3
8	4,0	17	11,7	44,1	0,424	106	43,7
9	6,8	17	10,7	59,1	0,742	109	58,6
10	8,23	16	10,9	65,7	0,882	107,1	64,9
11	1,0	16,5	10,9	20,7	—	—	—
12	7,0	18	16,8	60,1	—	—	—
	7,63	20	—	65,0	—	—	—
	8,90	20	—	72,0	0,95	106,6	—
13	5,5	18	17,8	56,0	0,609	109,5	—
	8,12	19	—	68,0	—	—	—
14	8,80	18,5	40,0	79,5	0,957	108,5	—
15	19,8	16	13,8	92,5	2,23	112,5	—

stieg erfolgt sehr langsam, so daß zur Erwärmung bis 90° weitere 5 st erforderlich sind.

Der Aufwand an elektrischer Leistung betrug dabei 106 bis 109 Watt/st, entsprechend also 91,0 bis 94,0 cal. Bei einigen Versuchsreihen wurden mehrere Temperaturmessungen gemacht in der Art, daß etwa 250 g Wasser aus dem Speicher über das Thermometer gelassen wurden; dabei dringt ebensoviel kaltes

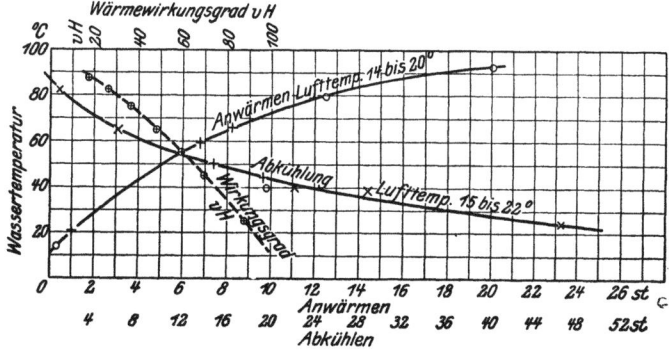

Abb. 15. Wärmespeicher Therma. Inhalt 9,675 ltr, Stromverbrauch 108 Watt-st.

Wasser in den Wärmespeicher ein und kühlt den Inhalt ab. Um für diesen Verlust Ersatz zu schaffen, kann man erneut durch elektrische Heizung soviel Wärme zuführen, wie dem Verluste entspricht, oder man kann bei der nächsten Messung einen kleineren Temperaturzuschlag machen, der der abgeführten Wärme gleichkommt. Beide Verfahren wurden angewendet. Im allgemeinen wurden die Versuchsreihen nur 2 bis 3 Ablesungen lang ausgeführt. Zu bemerken ist noch, daß der Mantel des Wärmespeichers und die unteren Teile fühlbar warm werden von etwa 55° Wassertemperatur an, sodaß also ziemlich viel Wärme als Verlust nach außen abgeführt wird. Dies macht sich auch in der immer flacher werdenden Erwärmungskurve bemerkbar.

Zahlentafel 13.
Temperaturverteilung im Wärmespeicher Therma.

		Wassertemperatur °C	Wassertemperatur °C
Wassertemperatur vor der Erwärmung	°C	10,4	10,9
unten entnommene Wassermenge . . 0	kg	51	62,5
1	»	52,5	63,0
2	»	53,2	64,5
3	»	53,7	65,2
4	»	53,8	65,4
5	»	53,8	65,5
6	»	53,8	65,7
7	»	53,9	65,7
8	»	53,8	65,7
9	»	53,7	65,5
9,5	»	53,0	64,8
Wasserinhalt	kg	9,635	9,428
Wärmeinhalt	cal	513,7	612,5
mittlere Temperatur	°C	53,3	64,9
aufgenommene Wärme	cal	4130	509
eingeführte Wärme 859 kW-st . .	»	558,0	757
Wirkungsgrad	vH	74,2	67,2
zwischen Anfangs- u. Endtemperatur			
Ueberlauftemperatur	°C	53,8	65,7

Die selbsttätige Ausschalteinrichtung arbeitete bei den Versuchen zufrieden stellend.

Mittlere Wassertemperatur.

Da die Heizung von unten aus erfolgt, ist die Verteilung der Wärme im Speicher nahezu ganz gleichmäßig, so daß die mittlere Temperatur nur ganz wenig, etwa 0,4 bis 0,6°, unter der Ueberlauftemperatur liegt, Zahlentafel 13.

Abkühlungsversuche

Die Abkühlungsversuche begannen bei 86,5°. Abb. 15 zeigt den Verlauf der Kurve, die aus den einzelnen Versuchsreihen zusammengesetzt ist. Die Lufttemperatur lag zwischen 14 und 20° (vergl. Zahlentafel 14). Bei höheren Temperaturen geht die Abkühlung sehr rasch vor sich und verläuft dann immer

Zahlentafel 14.
Abkühlungsversuche mit Wärmespeicher Therma 9,675 ltr.

Stunden	Lufttemperatur °C	Wassertemperatur oben am Ueberlauf °C	Bemerkungen
0	20,2	61,8	
2,37	18	53,0	
17,25	18	34,5	
0	19	64,8	
16	19	39,8	
22,70	--	38,9	
40,30	19	25,8	
0	20	70,5	
14,67	--	45,1	
0	20,8	82,0	
14,92	18,7	49,0	
0	20	86,3	
14,8	14	50,2	
19,30	17	44,5	
--	19	79,3	
18,40	18	39,5	Nachts 16°
--	22	84,8	
6,0	23,5	66,0	Nachts rd. 20°
21,42	21,0	40,6	
30,33	24	34,0	

langsamer Der Inhalt war nach 6 st bis auf 65°, nach 10 st auf 57°, nach 15 st auf 50°, nach 20 st auf 43°, nach 30 st auf 34°, nach 40 st auf 27,5° abgekühlt. Die Abkühlungsverluste sind daher sehr merklich, besonders bei den höheren Temperaturen zwischen 80° und 60°, bei denen die Verwendung des Speichers in erster Linie in Aussicht genommen ist. Wenn es auch bei dem verhältnismäßig kleinen Wasserinhalte schwerer ist, das Wasser heiß zu halten, so würde sich doch durch eine bessere Umhüllung und durch Vermeiden der metallischen Wärmeabführungen ein wesentlich besserer Wärmeschutz erreichen lassen.

Wärmewirkungsgrad.

An Hand der Erwärmungskurven für die mittlere Temperatur wurde für Temperaturabschnitte von 10° zu 10° die vom Wasser aufgenommene Wärme ermittelt und daraus der Wärmewirkungsgrad bei einem Stromverbrauch von

Zahlentafel 15.
Mittlerer Wärmewirkungsgrad des Wärmespeichers Therma aus Kurven für Temperaturabstände von 10 zu 10°. Offene Schaltung.
Elektrische Leistung = 106,5 Watt.

für mittlere Temperatur des Inhaltes von bis °C	Zeitdauer der Erwärmung st	Wasserinhalt im Mittel kg	vom Wasser aufgenommene Wärme B cal	ins Wasser eingeführte Wärme E cal	Wärmewirkungsgrad $\frac{B}{E} 100$ vH
20 bis 30	1,20	9,647	96,50	110	88,0
30 » 40	1,30	9,619	96,2	119,2	80,7
40 » 50	1,50	9,580	95,8	137,5	69,7
50 » 60	1,75	9,536	95,4	160	59,7
60 » 70	2,15	9,485	94,8	197	48,2
70 » 80	2,80	9,426	94,3	256,5	36,7
80 » 85	1,95	9,382	46,9	178,3	26,4
85 » 90	2,90	9,346	46,7	266	17,5

106,5 Watt-st berechnet, Zahlentafel 15. Der Wärmewirkungsgrad fällt von 88 vH bei etwa 25° Wassertemperatur bis auf 22,0 vH bei 85°, vergl. Abb. 15. Die Verluste sind daher, wie schon im vorhergehenden Abschnitt angeführt, recht bedeutend; es gehen in den üblichen Verwendungsgrenzen etwa ²/₃ der in das Wasser eingeführten Wärme verloren.

V. Wärmespeicher der Therma G. m. b. H. Modell 3872 Nr. 38820.
Inhalt: 39,60 ltr für 110 V.

Der Speicher hat die gleiche Bauart und Ausführung wie der bereits beschriebene von 10 ltr, Abb. 13. Der äußere Durchmesser des Mantels mißt 360 mm, die Gefäßhöhe 830 mm. Das Gewicht beträgt etwa 20 kg; die Versuche wurden in gleicher Weise wie bei dem kleinen Speicher vorgenommen. Um mit Sicherheit Tropfverluste durch undichten Hahn zu vermeiden, wurde vor den am Speicher selbst befindlichen Absperrhahn noch ein zweites Ventil in die Wasserleitung eingebaut.

Anwärmen.

Der Aufwand an elektrischer Leistung erfordert während der Anwärmezeit in Mittel 349 Watt/st, entsprechend also 300 cal. Der Temperaturanstieg verläuft ähnlich wie bei dem kleinen Speicher, nur wesentlich geradliniger, was darauf hindeutet, daß die Abkühlungsverluste geringer sind. Es ist offene

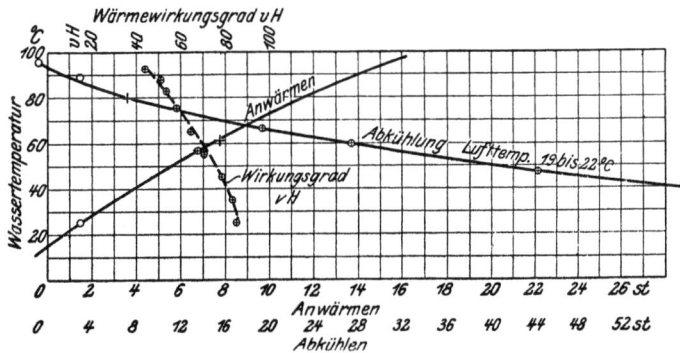

Abb. 16. Wärmespeicher Therma, Inhalt 39,60 ltr, Stromverbrauch 349 Watt-st.

Zahlentafel 16.
Anwärmeversuche mit Wärmespeicher Therma 39,6 ltr.
Offene Schaltung.

Stunden	Luft-temperatur °C	Wasser-temperatur oben am Ueberlauf °C	Stromverbrauch insgesamt kW/st	in 1 st kW/st
0	17	14,7	0	—
2,52	18	31,2	0,86	—
7,66	19	61,0	1,775	342
0	22,5	15,6	0	—
15,4	22	95,0	5,50	357
0	21	15,1	0	—
5	22,5	47,8	1,737	348
0	20	25,0	0	—
5,3	22	56,9	1,83	346

Schaltung gewählt worden. Von 15° an beginnend, wurde nach 5 st eine Temperatur von 47° erreicht, nach 10 st eine solche von 73°, nach 12 st 82°, nach 14 st 90°, Abb. 16 und Zahlentafel 16.

Mittlere Wassertemperatur.

Die Heizung erfolgt ebenfalls durch einen vom Boden aus eingeführten 195 mm langen und 42 mm breiten Heizstab, so daß die Erwärmung nahezu gleichmäßig ist. Die mittlere Temperatur liegt für die einzelnen Wärmezustände etwa 0,4 bis 0,6° unter der Ueberlauftemperatur, Zahlentafel 17.

Zahlentafel 17.
Wärmeverteilung im Wärmespeicher Therma 39,6 ltr.

		Waaser-temperatur °C
Wassertemperatur vor der Erwärmung	°C	14,7
entnommene Wassermenge durch unteren Entleerungshahn	0 kg	58
	2 »	59
	4 »	60
	6 »	60,6
	8 »	60,8
	10 »	61,0
	12 »	61,0
	17 »	61,0
	25 »	61,0
Wasserinhalt	kg	38,96
Wärmeinhalt	cal	2363
mittlere Temperatur	°C	60,7
aufgenommene Wärmemenge	cal	1790
eingeführte Wärmemenge (als elektrische Energie)	»	2260
Wirkungsgrad zwischen Anfangs- und Endtemperatur	vH	79,2
Ueberlauftemperatr	°C	61,0

Abkühlungsversuche.

Wie der Vergleich der beiden Abb. 15 und 16 und Zahlentafel 14 und 18 zeigt, verläuft die Kurve wesentlich flacher als bei dem 10 ltr-Speicher. Legt

Zahlentafel 18.
Abkühlungsversuche mit Wärmespeicher Therma 39,6 ltr.

Stunden	Lufttemperatur °C	Wassertemperatur °C
0	20	93,0
19,5	19,5	66,3
27,43	22,0	59,5
44,25	21	47,0
0	22,5	95,0
3,6	23,0	87,8
0	25	79,60
8,27	75	72,10

man die gleiche Anfangstemperatur von 86½° zu Grunde, so ergeben sich folgende Werte:

(Die Zahlen in Klammern bedeuten die Werte für den 10 ltr-Speicher):

nach 6 st war der Inhalt abgekühlt bis auf 77½° (65°)
 » 10 »   »   »   »   »   »   »   » 72½° (57°)
 » 15 »   »   »   »   »   »   »   » 67½° (50°)
 » 20 »   »   »   »   »   »   »   » 63° (43°)
 » 30 »   »   »   »   »   »   »   » 55° (34°)
 » 40 »   »   »   »   »   »   »   » 48° (27½°).

Der Wärmeschutz ist also, wie auch hieraus ersichtlich, bei dem größeren Speicher wesentlich besser.

Wärmewirkungsgrad.

Setzt man einen mittleren Verbrauch von 349 Watt-st für die Anheizzeit an, so ergeben sich die Wirkungsgrade für Temperaturabschnitte von je 10° nach Zahlentafel Nr. 19. Zwischen 50 und 60° liegt der Wärmewirkungsgrad bei 70,3 vH (59,7), zwischen 70 und 80° bei 58,3 vH (36,7 vH), zwischen 80 und 85° bei 53,3 vH (26,4). Auch in dieser Versuchsreihe zeigt sich die Wirkung des besseren Wärmeschutzes. Allerdings ist zu bemerken, daß sich noch eine wesentliche Verminderung der Wärmeverluste an dem Speicher vornehmen

Zahlentafel 19.
Mittlerer Wärmewirkungsgrad des Wärmespeichers Therma 39,6 ltr. aus der Erwärmungskurve für Temperaturbereiche von 10 zu 10°. Offene Schaltung. Elektrische Leistung = 349 Watt, entsprechend 300 cal/st.

für mittlere Temperatur des Inhaltes von bis °C	Zeitdauer der Erwärmung st	Wasserinhalt kg	vom Wasser aufgenommene Wärme A cal	ins Wasser eingeführte Wärme E cal	Wärmewirkungsgrad $\frac{A}{E} 100$ vH
20 bis 30	1,55	39,485	394,85	465	85,2
30 » 40	1,58	39,370	393,70	473	83,1
40 » 50	1,67	39,212	392,12	501	78,4
50 » 60	1,85	39,032	390,32	555	70,3
60 » 70	2,00	38,822	388,22	600	64,8
70 » 80	2,20	38,580	385,80	660	58,3
80 » 85	1,20	38,390	191,95	360	53,3
85 » 90	1,25	38,260	191,30	375	51,0
90 » 95	1,45	38,110	190,55	435	43,8

lassen könnte. Die ganze untere Seite, das Auslaufrohr und die außen angebauten Apparatteile werden sehr warm, da der mittlere Teil des Bodens nicht isoliert ist; so beträgt die am Boden außen gemessene Wandungstemperatur rd. 63° bei etwa 85° Wassertemperatur.

II. Teil.

Zusammenfassung und Vergleich der Versuchsergebnisse.

1) Abkühlungsverluste.

In den Zahlentafeln 20 bis 26 sind die wichtigsten Versuchswerte auf Grund der gezeichneten Linien so zusammengestellt worden, daß sie einen unmittelbaren Vergleich der einzelnen Speicher untereinander gestatten. Zwei Speicher haben die gleiche Größe von rd. 100 ltr Inhalt; bei den anderen ist zu beachten, daß je kleiner der Wasserinhalt ist, desto schwerer auch die Wärmeverluste zu verhindern sind.

Wie die Wasserabkühlung verläuft, wenn die Speicher auf 90° angeheizt, sich selbst überlassen bleiben, zeigt Zahlentafel 20. Der 100 ltr-Speicher von

Zahlentafel 20. Verlauf der Abkühlung der einzelnen Wärmespeicher von gleicher Anfangstemperatur aus.

nach Stunden	es kühlt sich der Wasserinhalt von 90° herab bis auf °C				
	Elektra 99,5 ltr	Rittershaußen 101,8 ltr	Rittershaußen 26,65 ltr	Therma 39,60 ltr	Therma 9,675 ltr
0	90	90	90	90	90
5	82	87	79,5	81	69,5
10	77,5	84	71	74,5	58,5
15	72,5	81	63,5	69	50,5
20	68	78	57,5	64,5	44
30	61,5	72,5	47,5	56,5	34,5
40	57	77,5	41	49	28
50	52	63	36	43	22,5
60	48	59	31,5	—	—
80	40,5	52,5	25	—	—
100	36	46	—	—	—
120	32	41	—	—	—

Zahlentafel 21.
Mittlere Abkühlung der verschiedenen Wärmespeicher um °C in 1 st innerhalb der Temperaturabschnitte von 10 zu 10°.

Abkühlung von bis °C	Elektra 99,5 ltr		Rittershaussen 101,8 ltr		Rittershaussen 26,65 ltr		Therma 39,60 ltr		Therma 9,675 ltr	
	Dauer der Abkühlung st	Abkühlung in 1 st °C	Dauer der Abkühlung st	Abkühlung in 1 st °C	Dauer der Abkühlung st	Abkühlung in 1 st °C	Dauer der Abkühlung st	Abkühlung in 1 st °C	Dauer der Abkühlung st	Abkühlung in 1 st °C
120 bis 110	—	—	—	—	3,7	2,7	—	—	—	—
110 » 100	—	—	—	—	4,0	2,5	—	—	—	—
100 » 90	—	—	13,2	0,76	4,3	2,33	3,8	2,63	—	—
90 » 80	8	1,25	17	0,59	5,0	2,0	5,7	1,75	2,10	4,76
80 » 70	10	1,00	18,5	0,54	5,8	1,725	8,5	1,18	2,90	3,45
70 » 60	14,5	0,69	22,5	0,45	7,2	1,39	11,4	0,88	4,20	2,38
60 » 50	21,5	0,465	31	0,32	9,2	1,085	13,2	0,758	6,30	1,59
50 » 40	27,5	0,365	33	0,30	13,9	0,72	17,0	0,590	8,50	1,175
40 » 30	53	0,189	—	—	22,0	0,46	—	—	13,10	0,765
Lufttemperatur	9 bis 17		8 bis 17		16 bis 21		19 bis 22		15 bis 22	

Rittershaußen hält seine Temperatur am längsten; das Wasser ist nach 20 st noch 78° warm, während der 10 ltr-Speicher sich in der gleichen Zeit bis auf 44° abgekühlt hat.

Zahlentafel 21 und Abb. 17 geben ein Bild über die Wärmeverluste der fünf untersuchten Speicher. Aus den Abkühlungslinien sind für gleiche Temperaturabschnitte von 10° zu 10° die Abkühlungsverluste in °C für 1 st ermittelt worden; sie belaufen sich zwischen 40° und 50° auf 0,3° bis 1,175°, zwischen 80° und 90° auf 0,59° bis 4,76°. Dabei beträgt die Dauer der Abkühlung des Inhaltes von 50° auf 40° 33 bis 8,5 st, von 90° auf 80° dagegen 17 bis 2,1 st.

Abb. 17 zeigt, daß die Wärmeverluste für die verschiedenen Speicher sehr verschieden groß sind und zeigt deutlich den Einfluß des Wärmeschutzes.

In welcher Weise sich die Wärmeverluste verteilen, kann man aus folgender Ueberlegung ermitteln, wenn man einen bestimmten Temperaturabschnitt betrachtet.

Sie setzen sich zusammen aus:

1) der Wärmeabführung und Ausstrahlung des Wasserbehälters,

2) den Verlusten durch Austreten oder Abtropfen des Wassers infolge der Wasserausdehnung,

3) den Wärmeableitungsverlusten der Heizeinrichtung selbst,

4) Verlusten, die durch undichte Hähne usw. entstehen.

Die Rechnung sei für den 40 ltr-Speicher für den Temperaturabschnitt von 80 bis 85° durchgeführt bei einer Wassereintrittstemperatur von 10°.

Der Inhalt beträgt 38,32 kg bei 85°. Die Dauer der Erwärmung von 80 auf 85° beläuft sich auf $Z_0 = 1,20$ st. Aufgenommen wurden vom Wasser $5 \times 38,32 = 192$ WE. Eingeführt wurden durch elektrischen Strom $\frac{349 \cdot 1,20}{0,859} = 360$ WE. Der Wärmewirkungsgrad ist $\frac{192 \cdot 100}{360} = 53,5$ vH; der Abkühlungsverlust beträgt also $\frac{360 - 192}{1,20} = 140$ cal/st. Die Einzelverteilung dieses Verlustes ist:

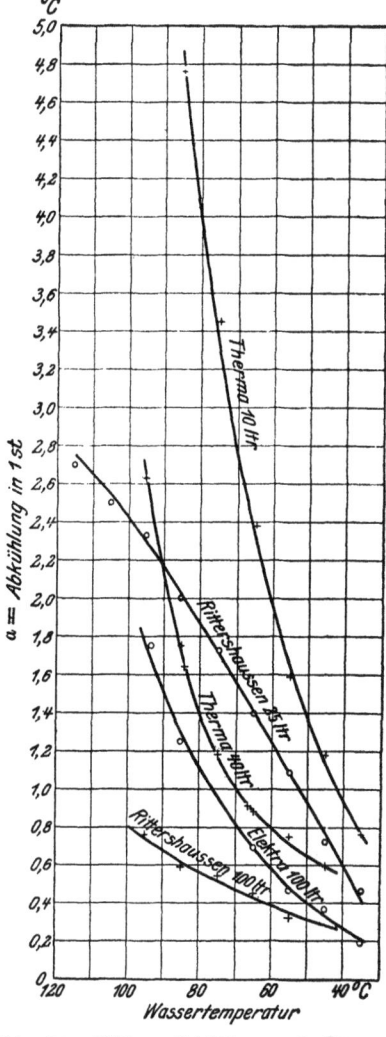

Abb. 17. Mittlere Abkühlung a in °C des Wasserinhaltes der Wärmespeicher in 1 st bei den verschiedenen Temperaturen.

1) Wasserabkühlung = Wasserinhalt × mittlere Abkühlung zwischen 80 und 85° also $38,32 \times 1,56 =$ . . . . 60 cal

2) Tropfverlust = Inhalt des Wärmespeichers mal der Ausdehnung mal der Temperaturerhöhung gleich $\frac{39,6 \times 0,0033 \times 72,5}{1,20} =$ . . 8 »

3) Restverluste durch Wärmeabführung des Heizkörpers . . <u>72 »</u>

gibt zusammen 140 cal

Setzt man die 72 cal ganz als Verlust des Heizkörpers an, was fast genau zutrifft, so ergibt sich der Verlust der Heizeinrichtung zu

$$\frac{72 \cdot 100}{0,349 \cdot 859} = 24 \text{ vH.}$$

Führt man dieselbe Rechnung für den 100 ltr-Speicher von Rittershaußen aus, so ergibt sich die Gegenüberstellung der Verluste beider Speicher aus nachstehender kleiner Zusammenstellung für den Temperaturbereich von 80 bis 85°.

		Therma 40 ltr-Speicher	Rittershaußen 100 ltr-Speicher
Ausstrahlungsverlust des Wasserbehälters	cal	60	58
Tropfverluste	»	8	43
Abkühlungsverluste des Heizkörpers und Rest	»	72	69
Gesamtverlust	cal	140	170
mittlerer Wirkungsgrad		53,5	83,5
Wärmeverluste des Heizkörpers	vH	24,0	7,0

Da der 40 ltr-Speicher einen von unten eingeführten Heizkörper hat, der auf dem Boden aufsitzt, und der Rittershaußen-Speicher einen von oben eintauchenden Heizkörper, so erkennt man hieraus, daß der prozentuale Verlust der Bodenheizung etwa dreimal so hoch ist, wie der des Tauchsieders.

2) Elektrischer Arbeitsaufwand s in kW/st zum Warmhalten des Wassers auf bestimmter Temperatur ohne Wasserentnahme aus dem Wärmespeicher.

Es ist begreiflich, daß der Wärmespeicher auch in Zeiten des Stillstandes, also wenn er geheizt dasteht, ohne Wasserentnahme Strom verbraucht, da er ja stets der Abkühlung unterworfen ist, am meisten bei hohen Temperaturen. Es ist daher eine sehr sorgfältige Umkleidung und Verhütung von Wärmefortleitungsverlusten überaus wichtig, ja eine Lebensfrage für die Wärmespeicher. Ist eine Regelung vorhanden, so hält diese den Inhalt auf ungefähr gleichmäßiger Temperatur, schaltet ab bei einer eingestellten Höchsttemperatur und wieder ein nach Abkühlung um einige Grade. Ist der Wärmespeicher ohne Regelung, wie z. B. der 25 ltr-Speicher von Rittershaußen, so wird die Einstellung der Temperatur von Hand aus vorgenommen, und zwar in größeren Zeitabschnitten, indem zeitweilig, wenn das Wasser heiß genug ist, ausgeschaltet und später wieder eingeschaltet wird; oder es bietet sich die Möglichkeit, den kleinsten Strom, der eine Ueberschreitung der Höchsttemperatur nicht bewirkt, dauernd eingeschaltet zu lassen. Auch kann durch eine Uhr in gewissen Sperrzeiten abgeschaltet werden. Der Grundsatz der Regelung der Temperatur bleibt in allen Fällen erhalten, nur daß die Zeitabschnitte unregelmäßig lang ausfallen, gegenüber selbsttätiger Regelung, und daß es bisweilen auch vorkommen kann, daß der Inhalt ganz herabgekühlt wird.

Um den Leistungsaufwand s zu bestimmen, schlägt man am besten folgenden Weg ein. Um z. B. den Wasserinhalt von einer bestimmten Temperatur t_1 bis auf t zu erwärmen, braucht man eine Zeit von z_0 st. Um t auf t_1 abzukühlen sind z_1 st erforderlich. Steht also der Speicher ohne Wasserentnahme da, so muß er je nach der Einstellung der Regelung immer eine Zeitdauer von z_0 st geheizt werden, bis er die Höchsttemperatur t erreicht hat, dann bleibt er

z_1 st sich selbst überlassen, bis er sich wieder auf die Ausgangstemperatur t_1 zurückgekühlt hat; damit ist eine Heizzeit vorüber, und das Spiel beginnt von neuem. Erfordert nun der Wärmespeicher während des Heizens einen elektrischen Arbeitsaufwand von p kW-st, so berechnet sich der stündliche Verbrauch bei Stillstand zu

$$s = \frac{p\,z_0}{z_0 + z_1} \text{ kW-st.}$$

Für den Therma-Speicher von 40 ltr ergibt sich also für den Temperaturbereich von 80 bis 85° aus der Erwärmungskurve

$$z_0 = 1,2 \text{ st}, \quad z_1 = 3,2 \text{ st};$$

es war $p = 0,349$, damit berechnet sich

$$s = \frac{0,349 \cdot 1,2}{4,4} = 0,095 \text{ kW-st.}$$

Dieser Wert ist aber infolge des Abkühlungsverlustes der Heizeinrichtung selbst größer als der durch Wasserabkühlung allein ermittelte. In gleicher Weise sind die Angaben für s in Zahlentafel 22 berechnet worden. Für die weiteren Ermittlungen können diese Werte zugrunde gelegt werden. Man kann aus der Zahlentafel entnehmen, daß der Wert s mit der Höhe der Tem-

Zahlentafel 22.

s = Aufwand an stündlicher elektrischer Arbeit in Watt für einzelne Temperaturabschnitte bei angeheiztem Wärmespeicher ohne Wasserentnahme (berechnet).

Temperaturgrenzen t bis t_1 von bis °C	Elektra 99,5 ltr	Rittershaußen 101,8 ltr	Rittershaußen 26,65 ltr	Therma 39,60 ltr	Therma 9,675 ltr
90 bis 85	180	73,5	72	116	82,5
85 » 80	159	72	65	95	68
80 » 75	144	69	60	78,5	61
75 » 70	120	67,5	56,5	68,5	52,5
70 » 65	106	55	52	56	42

Zahlentafel 23.

s = mittlerer stündlicher Wattverbrauch bei angeheiztem Wärmespeicher ohne Wasserentnahme (aus Versuchen gemessen).

	Lufttemperatur °C	Stunden	Stromverbrauch Watt	s im Mittel W-st	Wassertemperatur beim Ausschalten °C
Therma- 9,675 ltr-Apparat	21 19,5	0 27,8	0 1841	66,5	86,5
Therma- 39,6 ltr-Apparat	23 22 25 25	0 45,17 68,57 93,40	0 3200 4990 6885	71 73 73,8	79,6
do.	24,5 24 24 25 24	0 22,0 44,95 69,45 93,48	0 1370 2777 4328 5760	62,5 61,5 62,5 61,8	69,0

peraturlage zunimmt und mit der Güte der Isolierung der Wärmespeicher abnimmt.

Der Wert s konnte durch unmittelbare Messung vergleichsweise festgestellt werden. Die mehrtägigen Versuche wurden an den Speichern der Therma G. m. b. H. ausgeführt, Zahlentafel 23, zwischen zwei Ausschaltungen, welche der Speicher selbst vornimmt, wobei der Ausschalter auf eine bestimmte Temperatur eingestellt war.

Ein Vergleich zwischen den gemessenen Werten und den in Zahlentafel 22 berechneten erweist die sehr gute Uebereinstimmung beider. Die Schwankungen des Wertes s innerhalb der Versuchsreihe in den einzelnen Meßabschnitten ist bedingt durch nicht ganz gleichmäßiges Arbeiten des Temperaturstabes.

In Zahlentafel 24 sind einige Hauptwerte für diesen Betriebszustand aufgeführt. Die Berechnungen seien für den 101,8 ltr-Speicher von Rittershaußen durchgeführt. Erwärmt man Leitungswasser von 10° auf 85°, so beträgt die verfügbare Wärmemenge des Speichers, der 98,56 kg Wasserinhalt bei 85° hat,

Zahlentafel 24. Wärme- und elektrischer Arbeitsaufwand zum Halten der Temperatur der angeheizten Wärmespeicher auf 85° ohne Wasserentnahme.

			Bezeichnung	Elektra 99,5 ltr	Rittershaussen 101,8 lt	Rittershaussen 26,65 ltr	Therma 39,60 ltr	Therma 9,675 ltr
1	Wasserinhalt bei 85°	kg	J	96,28	98,56	25,87	38,32	9,35
2	nutzbarer Wärmeinhalt zwischen 10° und 85°	cal	$J(85-10)$	7220	7390	1940	2875	701
3	mittlerer Abkühlungsverlust zwischen 85° und 80° in 1 st	°C	a	1,20	0,59	1,94	1,55	4,36
4	mittlerer Abkühlungsverlust zwischen 85° und 80°	cal	aJ	116	58	50,2	59,5	40,6
5	mittlerer Abkühlungsverlust zwischen 85° und 80° in vH des Wärmeinhaltes	vH	$\dfrac{aJ\,100}{J(85-10)}$	1,61	0,79	2,59	2,05	5,8
6	stündlicher elektrischer Arbeitsaufwand zum Halten des Wassers auf der Temperatur von 85°	Watt/st	s	159	72 (83)	65 (76)	95	68
7	der Wasserinhalt kühlt in 10 st ab von 85° bis auf	°C		73,8	79,0	67,4	71,6	57
8	der Wasserinhalt kühlt in 10 st ab von 85° um	°C		11,2	6,0	17,6	13,4	28
9	Abkühlungsverlust in 10 st von 85° in vH des Wärmeinhaltes	vH		14,9	8,0	24	17,8	37,3
10	elektrischer Arbeitsaufwand innerhalb 24 st, um im geheizten Speicher die Wassertemperatur auf 85° zu halten, ohne Wasserentnahme	kW-st	$\dfrac{s\,24}{1000}$	3,82	1,73 (1,99)	1,56 (1,82)	2,28	1,63
11	Kostenaufwand innerhalb 24 st, um im geheizten Speicher die Wassertemperatur auf 85° zu halten ohne Wasserentnahme bei einem Preise von 10 Pf für 1 kW-st	Pf	$\dfrac{5\,s\,24}{1000}$	38,2	17,3 (19,9)	15,6 (18,2)	22,8	16,3
12	Kostenaufwand innerhalb 24 st, um im geheizten Speicher die Wassertemperatur auf 85° zu halten ohne Wasserentnahme für 10 kg Wasser	»	$\dfrac{5\,s\,24}{J\,1000}$	3,96	1,76 (2,0)	6,04 (7,0)	5,76	17,6

Die eingeklammerten Zahlen gelten unter Einrechnung des Stromverbrauches für die Temperaturregelvorrichtung.

$98,56 \cdot 75 = 7390$ cal. Der mittlere Abkühlungsverlust in 1 st zwischen $80°$ und $85°$ ist nach Zahlentafel 21 mit $0,59°$ zu bewerten; der stündliche Wärmeverlust des Speichers ergibt sich zu $0,59° \cdot 98,56 = 58,0$ cal. Der elektrische Leistungsaufwand s ist für den Bereich von 80 bis $85°$ mit 72 Watt einzusetzen. Der elektrische Arbeitsaufwand, um das Wasser innerhalb 24 st auf $85°$ zu halten, beträgt also $24,0 \cdot 72,0 = 1,730$ kW-st. Setzt man für 1 kW-st den Preis von 10 Pfg an, so kostet das Halten des Wärmespeicherinhaltes auf $85°$ demnach $10 \cdot 1,73 = 17,4$ Pfg innerhalb 24 st, oder für 10 ltr umgerechnet, 1,76 Pfg. Man sieht, daß der Kostenaufwand, welcher dazu erforderlich ist, den Speicher heiß zu halten, nicht unwesentlich ist, und bei Speichern, aus denen wenig Wasser entnommen wird, sehr stark ins Gewicht fällt.

3) Wasserleistung.

Es ist wichtig zu wissen, wie man aus den vorgenommenen Versuchen die Wasserleistung der Wärmespeicher ermitteln kann. Ein Anhalt dazu ist in den Zahlentafeln 2, 6, 15 und 19 gegeben, die die Wärmeverteilung in den Wärmespeichern darstellen. Zum Vergleich der einzelnen Speicher wird man am besten bestimmte Temperaturgrenzen zu Grunde legen.

Für die Ermittlungen in Zahlentafel 25 sind die Anfangstemperaturen mit $10°$ und die Endtemperaturen mit $85°$ angenommen worden. Betrachtet man die Verluste bei der allmählichen Temperatursteigerung, so zeigt sich, daß sie bei niedrigen Wassertemperaturen sehr klein sind, und daß sie allmählich mit steigender Erwärmung bedeutend anwachsen. Bei $85°$ z. B. lag der Wärmeverlust bei den untersuchten Speichern zwischen 76 und 17 vH, und zwar so, daß die kleinen Speicher einen sehr hohen Verlust besitzen, während

Zahlentafel 25. Wasserleistung bei Erwärmung des Wassers von $10°$ bis $85°$ Mitteltemperatur, elektrischer Arbeitsaufwand und Stromkosten für 10 ltr Wasser (Leistungsfaktor $= 1,0$).

		Bezeichnung	Elektra 99,5 ltr	Rittershaußen 101,8 ltr	Rittershaußen 26,65 ltr		Therma 39,6 ltr	Therma 9,675 ltr
					Erwärmung			
					stark	schwach		
1	Wasserinhalt bei $85°$ . . . kg	J	96,28	98,56	25,87	25,87	38,32	9,35
2	Zeitdauer zur Erwärmung des Inhaltes von 10 bis 85 °C . st	z_0	11,4	8,65	10,7	53	13,5	14,5
3	Höchstwasserleistung in 1 st für Erwärmung des Inhaltes kg/st	w	**8,45**	**11,4**	**2,42**	**0,49**	**2,84**	**0,643**
4	Wärmeaufnahme bei Erwärmung der stündlichen Wasserleistung von $10°$ bis $85°$. cal	$w(85-10)$	633	855	181	36,6	213	48,3
5	Aufwand an elektrischer Arbeit in 1 st . . . . . kW-st	p	0,955	1,17	0,264	0,0885	0,349	0,1065
5a	Aufwand an elektrischer Arbeit für den Temperaturregler . »		—	0,011	0,011	0,011	—	—
6	Wärmewirkungsgrad bei Erwärmung von $10°$ bis $85°$. vH	$\dfrac{w(85-10)\,100}{859\,p}$	**77,3**	**85,1**	**80,0**	**48,3**	**71,0**	**52,8**
7	10 ltr Wasser brauchen zur Erwärmung von $10°$ bis $85°$ kW-st	A	1,13	1,03 (1,04)	1,09 (1,14)	1,80 (2,03)	1,23	1,66
8	10 ltr Wasser kosten bei Erwärmung von $10°$ bis $85°$ bei einem Strompreise von 10 Pf/kW-st . . . . . Pf	$10\,A$	**10,3**	**10,3 (10,4)**	**10,9 (11,4)**	**18 (20,3)**	**12,4**	**16,6**

Die eingeklammerten Zahlen gelten unter Einrechnung des Stromverbrauches für die Temperaturregelvorrichtung

bei den größeren die Verluste klein sind und nur wenige vH unter den Verlust bei niedrigen Temperaturen fallen. Für jeden Wärmezustand wäre demnach ein anderer Wirkungsgrad einzusetzen. In dem Verlauf der Erwärmungskurve ist indes alles enthalten, was man zur Berechnung braucht; sie sei für den 10 ltr-Speicher der »Therma« durchgeführt.

Diese Rechnung gilt für gleichmäßige und ungleichmäßige Wasserentnahme nur unter der Bedingung, daß soviel Wasser herausgenommen wird, wie durch den eingeführten Heizstrom erzeugt werden kann, in der Zeit, über welche sich die Wasserentnahme erstreckt. Diese Wasserentnahme entspricht also der stündlichen Höchstleistung des Wärmespeichers (Zahlentafel 25, Reihe 3).

Steht nämlich der Wärmespeicher geheizt da, ohne daß Wasser entnommen wird, so wirken in dieser Zeit die größten Abkühlungsverluste, und der gesamte Stromverbrauch bei Entnahme einer Wassermenge, die kleiner ist als die Höchstlieferung, wird, bezogen auf die Litereinheit, verhältnismäßig größer. Näheres darüber im nächsten Abschnitt.

Bei $85°$ beläuft sich der Wasserinhalt auf 9,346 kg. Zur Erwärmung des vollen Speichers auf die Temperatur von $85°$ ist eine Zeitdauer von rd. 14,5 st erforderlich. Dies entspricht einer gleichmäßigen Wasserentnahme von 0,643 kg/st. Die Wärmeaufnahme ermittelt sich dabei zu $0,643 \times (85 - 10) = 48,3$ cal, der Aufwand an elektrischer Leistung zu 0,1065 kW. Die ins Wasser eingeführte Wärmemenge betrug also:

$$0,1065 \times 859 = 91,5 \text{ cal/st.}$$

Der mittlere Wärmewirkungsgrad über den ganzen Temperaturbereich von $10°$ bis $85°$ ergibt sich zu:

$$\frac{48,3}{91,5} \cdot 100 = 52,8 \text{ vH.}$$

10 ltr Wasser von $85°$ brauchen also zur Erwärmung

$$\frac{0,1065 \cdot 10 \cdot 14,5}{9,346} = \frac{0,1065 \cdot 10}{0,643} = 1,66 \text{ kW-st.}$$

Legt man nun einen Strompreis von 10 Pf für 1 kW-st zu Grunde, so kosten 10 ltr Wasser, die von $10°$ auf $85°$ erwärmt sind, 16,6 Pf. Für die einzelnen Speicher ergeben sich folgende Preise:

Bei einem

100 ltr-Speicher	von	Rittershaußen	10,30 Pf
100 »	»	Elektra	11,30 »
25 »	»	Rittershaußen	10,90 bis 18,0 Pf
40 »	»	Therma	12,4 Pf
10 »	»	»	16,6 »

Es ist leicht erklärlich, daß bei den größeren Speichern, bei denen die Abkühlungsflächen verhältnismäßig kleiner sind, als bei den kleineren, sich die Erwärmung günstiger und billiger gestaltet. Bei dem 10 ltr-Speicher z. B. sind die Stromkosten $1\frac{1}{2}$ mal so groß wie beim 100 ltr-Speicher. Der Unterschied innerhalb der einzelnen Größen ist auf die Güte der Ausführung und die Verschiedenheit in der Verhütung der Wärmeverluste zurückzuführen.

Aus den Untersuchungen, besonders an dem Speicher unter III geht, hervor, daß es sich empfiehlt, den Heizkörper so groß zu wählen, daß das Anheizen nicht länger als 10 st dauert, weil bei längerer Dauer die Abkühlungsverluste den Wirkungsgrad ungünstig beeinflussen.

Die geringsten Verluste und die billigste Lieferung heißen Wassers weist die unter II beschriebene Bauart auf.

4) Dauerbetrieb und Leistungsfaktor f.

Beim Dauerbetrieb sind zwei Betriebszeiten zu unterscheiden:

1) Die Zeit, während derer das Wasser angeheizt wird.

2) Die Zeit, während derer der auf Höchsttemperatur angeheizte Wärmespeicher dasteht, ohne daß Wasser entnommen wird.

Während der ersten Betriebszeit wird dauernd der volle Strom verbraucht, und es kann auch dem Wärmespeicher die Höchstwasserleistung entnommen werden. Dabei ist es gleich, ob der Speicher ganz geleert, frisch gefüllt und angeheizt wird, also ob der gesamte Vorrat auf einmal entnommen wird; oder ob die Entnahme gleichmäßig oder auch ungleichmäßig geschieht; Bedingung ist nur, daß auch so viel Wasser aus dem Wärmespeicher herausgenommen wird, wie durch den eingeführten Heizstrom erwärmt werden kann, also daß der Speicher mit seiner Höchstleistung beansprucht wird. Dieser Fall ist im vorhergehenden Abschnitt und in Zahlentafel 25 behandelt. Für den 40 ltr-Speicher der Therma entspricht er also einem Leistungsaufwand von 349 W und einer Wasserentnahme von 2,84 ltr/st, wenn das Wasser von 10° auf 85° angewärmt wird. Wird das Wasser z. B. nur von 20 auf 67° angewärmt, Zahlentafel 26, so beträgt die Höchstlieferung dementsprechend 4,85 ltr/st bei

Zahlentafel 26. Einfluß des Leistungsfaktors f
auf den elektrischen Arbeitsaufwand A in kW-st für Erwärmung von 10 ltr Wasser.

	Wassererwärmung von bis °C	Leistungsfaktor f					w kg	p kW-st	J kg	s kW-st
		1,0	0,75	0,50	0,25	0,10				
		t = elektrisch. Leistungsaufwand in kW-st für 10 ltr								
Wärmespeicher Elektra 99,5 ltr	10 bis 85	1,13	1,19	1,32	1,70	2,83	8,45	0,955	96,28	0,159
» Rittershaußen 101,8 ltr	10 » 85	1,03	1,05	1,09	1,22	1,60	11,4	1,17	98,56	0,072
» » 26.65 »	10 » 85	1,09	1,18	1,36	1,90	3,5	2,42	0,264	25,87	0,065
» Therma 39,6 ltr	10 » 85	1,23	1,33	1,56	2,37	4,25	2,84	0,349	38,32	0,095
» » 39,6 »	20 » 67	0,72	0,76	0,84	1,07	1,77	4,85	0,349	38,75	0,056
» » 9,675 »	10 » 85	1,65	2,0	2,7	4,8	11,2	0,643	0,1065	9,346	0,068

dem gleichen Leistungsaufwand von 349 W entsprechend 300 eingeführten cal Das erste Mal arbeitet der Wärmespeicher über dem ganzen Temperaturbereich im Mittel mit 71,0 vH Wirkungsgrad, das zweite Mal mit 76,0 vH.

In beiden Fällen ist der Leistungsfaktor $f = 1$ zu setzen, d. h. die entnommene Menge Wasser ist ebenso groß wie die erzeugte. Im zweiten Fall, wenn der Wärmespeicher auf seiner höchsten Temperatur angeheizt steht, ohne daß Wasser entnommen wird, ist der Leistungsfaktor gleich 0. Auch in diesen Zeitabschnitten wird Strom verbraucht (vergl. Abschnitt 2), denn der Inhalt kühlt sich beim Stehen etwas ab. Die Regelung schaltet bei einer bestimmten Temperatur wieder ein, erwärmt den Inhalt auf die Höchsttemperatur, schaltet dann wieder ab usw. Der elektrische Arbeitsaufwand entspricht den Abkühlungsverlusten in den betreffenden Temperaturabschnitten. Zahlentafel 22 gibt z. B. für den 40 ltr-Speicher der Therma für den Temperaturbereich von 80 bis 85° einen Verbrauch von 95 W·st an.

Während des üblichen Dauerbetriebes wechseln beide Betriebszustände miteinander ab. Der Leistungsfaktor wird also im allgemeinen zwischen 0 und 1 schwanken. Der kleinste Stromaufwand für eine bestimmte Wassermenge, z. B.

10 ltr, wird erreicht, wenn der Leistungsfaktor gleich 1 ist; und er steigt mit abnehmendem Leistungsfaktor, da ja außer dem Aufwand für die reine Wassererzeugung noch der besondere Stromaufwand für die Stillstandszeiten hinzukommt. Das abgegebene Wasser wird also umso teurer, je kleiner der Leistungsfaktor, oder mit andern Worten, je geringer die Benutzung des Wärmespeichers ist. Diese Verhältnisse sollen eingehender behandelt werden; dazu ist es nötig, die allgemeinen grundlegenden Formeln für die Betriebsverhältnisse zu entwickeln. Es bedeuten:

t_0 die Wassereintrittstemperatur in °C,
t » Wasserendtemperatur in °C,
t_1 » beliebige Wassertemperatur in °C,
Z » Zeitdauer des Betriebes in st,
W » aus dem Wärmespeicher in der Zeit Z insgesamt entnommene Wassermenge von t^0, gemessen in kg,
w » höchste stündliche Wasserleistung in kg bei Erwärmung des Wassers von t_0 bis t,
W_0 » aus dem Wärmespeicher in der Zeit Z insgesamt entnommene Wärmemenge in cal,
w_0 » stündlich lieferbare Wärmemenge in cal beim Beharrungszustande,
$z = \dfrac{W}{w}$ » Zeit in st, während deren dem Wärmespeicher die Höchstwasserleistung entnommen wird,
$Z - z$ » Zeit, während deren der Wärmespeicher angeheizt ohne Wasserentnahme dasteht,
z_0 » Zeit in st, um den Inhalt von beliebiger Temperatur t_1 bis t zu erwärmen,
z_1 » Zeit in st, die der Inhalt braucht, um von t auf t_1 abzukühlen.
P den Gesamtaufwand an elektrischer Arbeit in kW-st während der Betriebszeit Z bei Wasserentnahme $= W$,
p » stündlichen elektrischen Arbeitsaufwand in kW-st während der Heizung,
s » stündlichen elektrischen Arbeitsaufwand in kW-st als Durchschnittswert beim Stehen des angeheizten Wärmespeichers ohne Wasserentnahme bei der Temperatur t,
a » Abkühlungsverlust in °C, zwischen zwei Temperaturgrenzen t_1 und t, während der Zeit $Z - z$,
η » Wärmewirkungsgrad in vH, zwischen den Temperaturen t_0 und t,
J » Inhalt des Wärmespeichers in kg bei der jeweiligen Höchsttemperatur t,
$f = \dfrac{z}{Z} = \dfrac{W}{wZ}$ den Leistungsfaktor, d. h. das Verhältnis der in der Zeit Z entnomenen Wassermenge W, zu der in gleicher Zeit erzeugbaren Höchstwasserleistung wZ,
859 cal die Wärmeleistung von 1 kW-st,
A den elektrischen Arbeitsaufwand in kW st zur Erzeugung von 10 ltr Wasser von t_0 bis t °C.

Aus der Erwärmungskurve wird zuerst die Zeit z bestimmt, die nötig ist, um den Inhalt J von einer Anfangstemperatur t_0 auf die gewünschte Höchsttemperatur t zu erwärmen; dann ist die stündliche Höchstleistung in kg Wasser

$$w = \frac{J}{z_0} \quad \ldots \ldots \ldots \ldots \ldots (1)$$

oder in cal gemessen,
$$w_0 = \frac{J(t-t_0)}{z_0}$$

Ist der Wirkungsgrad bekannt, so ergibt sich
$$w = \frac{p\,859\,\eta}{(t-t_0)\,100}$$

Der Wirkungsgrad ergibt sich als Verhältnis:

$$\frac{\text{vom Wasser aufgenommene Wärmemenge}}{\text{ins Wasser eingeführte Wärmemenge}}$$

$$\eta = \frac{J(t-t_1)\,100}{859\,p\,z_0} \text{ in vH} \quad \ldots \ldots \ldots (2).$$

Aus der Zahlentafel 22 entnimmt man dann für den Temperaturbereich, innerhalb dessen die Regulierung des Wärmespeichers ein- und ausschaltet, den Wert s.

Oder man ermittelt ihn nach den Angaben in Abschnitt 2 aus:
$$s = \frac{p\,z_0}{z_0 + z_1} \quad \ldots \ldots \ldots \ldots \ldots (3).$$

Der Abkühlungsverlust in cal zwischen zwei Grenztemperaturen t und t_1 berechnet sich zu $J\,a$.

In der gesamten Betriebszeit Z des Wärmespeichers ist es möglich, bei einer stündlichen Zuführung von p kW-st zu erzeugen eine

$$\text{Höchstwasserleistung} = w\,Z \text{ in kg} \quad \ldots \ldots (4).$$

Der Leistungsfaktor gibt nun das Verhältnis der wirklich dem Wärmespeicher in der Zeit Z entnommenen Wassermenge W oder cal W_0 zu der in gleicher Zeit erreichbaren Höchstleistung an Wasser oder Wärme an

$$f = \frac{W}{Z\,w} = \frac{W_0}{Z\,w_0} \quad \ldots \ldots \ldots \ldots (5),$$

setzt man in diese Formel $W = z\,w$ ein, so kann man auch setzen

$$f = \frac{z}{Z} \quad \ldots \ldots \ldots \ldots (5\text{a}),$$

d. h. der Leistungsfaktor gibt auch das Verhältnis der Zeit, während welcher die Höchstwasserentnahme stattfindet, zu der gesamten Betriebszeit an.

Während der Anheizzeit oder auch in der Zeit z, während welcher dem Wärmespeicher dauernd die Höchstwasserleistung entnommen wird, ergibt sich der Aufwand an elektrischer Arbeit in kW-st zu

$$z\,p = \frac{W\,p}{w} = Z\,f\,p \quad \ldots \ldots \ldots \ldots (6),$$

dabei ist der Leistungsfaktor $= 1$.

Der Verbrauch an elektrischer Arbeit in kW-st in der Zeit $Z-z$, wenn der Wärmespeicher angeheizt ohne Wasserentnahme dasteht, stellt sich auf

$$s(Z-z) = s\,Z(1-f) \quad \ldots \ldots \ldots \ldots (7),$$

dabei ist $f = 0$.

Der gesamte Aufwand P in kW-st während der ganzen Betriebsdauer von Z Stunden ($f < 1$) stellt sich auf:

$$P = \frac{W}{w}\,p + s(Z-z) \quad \ldots \ldots \ldots (8)$$

oder

— 38 —

$$P = zp + s(Z - z)$$

oder, wenn man den Leitungsfaktor f einführt:

$$P = Zfp + sZ(1 - f).$$

Je nachdem, ob man die Verhältnisse vorausberechnen will, oder ob man aus den Messungen Z, P und W zurückrechnen will, verwendet man eine dieser drei Formeln für P.

Zum Schluß berechnet sich der Arbeitsaufwand zur Erwärmung von 10 ltr Wasser von t_0 bis t Grad in kW/st zu:

$$A = \frac{10\,P}{W} \quad \ldots \ldots \ldots \ldots \quad (9).$$

Mit diesen Beziehungen beherrscht man das gesamte Verhalten der Wärmespeicher, wenn durch Versuche die Erwärmungs- und Abkühlungskurven festgelegt sind.

Ein Beispiel möge den Rechnungsgang klarmachen: (vergl. Abb. 3.)

Es wird von einem 100 ltr-Speicher von Elektra das Wasser von 10° auf 85° erwärmt, also ist $t_0 = 10°$ C, $t = 85°$ C, $t_1 = 80°$, $p = 0{,}955$ kW-st, $Z = 100$ st, $J = 96{,}28$ kg bei 85°, $z_0 = 11{,}4$ st die Zeit, um den Inhalt von 10° auf 85° zu erwärmen.

Wird dem Wärmespeicher nur ein Viertel der möglichen Leistung entnommen, ist also $f = 0{,}25$, dann wird $z = 100 \cdot 0{,}25 = 25$ st.

Es berechnet sich dann (aus Gl. 1) die stündliche Höchstwasserleistung zu

$w = \frac{96{,}28}{11{,}4} = 8{,}45$ kg/st, oder die Höchstleistung in cal zu $w_0 = \frac{96{,}28\,(85 - 10)}{11{,}4} = 633$ cal.

Die Temperaturregelvorrichtung arbeitet etwa zwischen 80° und 85°. Es ist dann, um das Wasser von 80° auf 85° zu erwärmen, erforderlich eine Zeit $z_0 = 0{,}84$ st (aus der Erwärmungskurve). Das Wasser kühlt sich von 85° bis 80° ab in $z_1 = 4{,}2$ st. Es ergibt sich dann $s = \frac{0{,}955 \cdot 0{,}84}{5{,}04} = 0{,}159$ kW/st. Die Höchstwasserleistung in der Zeit von 100 st würde sich stellen auf

$$100 \cdot 8{,}45 = 845 \text{ kg/st}.$$

Zahlentafel 27. Dauer-

Lufttemperatur °C	Tage	Stunden Z	Wasserverbrauch W		Kilowattstundenverbrauch P		Wassertemperatur °C	
			insgesamt ltr	einzeln	insgesamt	einzeln	am Ablauf	am Eintritt
	0	0	0	325	0	44,04		
	17	408	325	33	44,04	3,84		12
	19	457	358	327	47,88	64,24		
	51	1222	685	1285	112,12	190,75	80,5	12
	120	2880	1970	630	302,87	88,30	82 bis 86	
	165	3960	2600		391,25			19
20	0	0	0	41	0	12,77	20	20
20	7	162,1	41	105	12,77	13,36	69,8	20
20,5	12	281,7	146	339	26,13	31,99	69,0	20,5
21	20	474	485	198	58,12	18,67	70	21
20,5	24	570	683	139	76,79	21,78	69,8	19,6
19,5	32	762	822	220	98,57	27,37	70,0	20
23	41,14	981,5	1042		125,94		70,5	22

— 39 —

Die wirkliche Leistung in 100 st bei den Betriebsfaktoren $f = 0{,}25$ wird demnach

$$0{,}25 \cdot 100 \cdot 8{,}45 = 211 \text{ kg},$$

hieraus ermittelt sich der Arbeitsbedarf (nach Gl. 8) zu

$$P = 100 \cdot 0{,}25 \cdot 0{,}955 + 0{,}159 \cdot 100 \,(1 - 0{,}25) = 35{,}85 \text{ kW-st}.$$

Der elektrische Aufwand für die Erwärmung von 10 ltr Wasser von 10° auf 85° ergibt sich dann zu

$$A = \frac{35{,}85 \cdot 10}{211} = 1{,}70 \text{ kW-st}.$$

Bei einem Preis von 10 Pf für 1 kW-st würden also 10 ltr Wasser, unter obigen Verhältnissen angewärmt, 17 Pf kosten.

Will man für verschiedene Leistungsfaktoren, also für verschiedene Betriebsverhältnisse, P und A ausrechnen, so setzt man am besten in die angewendeten Formeln die Betriebszeit $Z = 1$ ein.

Der Wirkungsgrad zwischen den Grenzen 10° und 85° beträgt nach Gl. (2):

$$\eta = \frac{96{,}28 \cdot (85 - 10) \cdot 100}{859 \cdot 0{,}955 \cdot 11{,}4} = 72 \text{ vH}.$$

Mit Hilfe der Gl. (8) ist die Zahlentafel 26 berechnet worden, die den Einfluß des Leistungsfaktors f auf den elektrischen Leistungsaufwand A in kW/st zur Geltung bringt, der erforderlich ist, um 10 ltr Wasser von einer Anfangstemperatur von 10° bis auf eine Endtemperatur von 85° zu erwärmen (vergl. hierzu die Versuche in Zahlentafel 27). Aus der Aufstellung geht hervor, daß der Aufwand für die Erwärmung einer bestimmten Wassermenge im gleichen Wärmespeicher ansteigt bis auf das Mehrfache mit abnehmendem Leistungsfaktor, d. h. mit abnehmender Wasserentnahme aus dem Apparat. **Je weniger also entnommen wird, desto teurer wird der Einheitspreis für eine bestimmte Wassermenge.** Werden andere Temperaturgrenzen gewählt, so ergeben sich auch andere Werte für A. Vergleichswerte für den Temperaturbereich von 20° bis 67° sind in der Zahlentafel 19 für den 40 ltr-Speicher enthalten. Die einzelnen Wärmespeicher untereinander unterscheiden sich in den

versuche im Betrieb.

Zw erzielbare Höchstleistung in kg.		$A = \dfrac{P}{W}$ gemessener kW-st-Verbrauch für Erwärmung von 10 ltr Wasser		Leistungsfaktor $f = \dfrac{W}{Zw}$ für starke Heizung		Heizung stark		
Erwärmung								
stark	schwach	über ganze Zeit	einzeln	insgesamt	einzeln	w kg/st	p kW-st	
0 1030 1150 3080 7270 10000	244 2220	0 1,35 1,335 1,64 1,53 1,50	1,35 1,16 1,96 1,48 1,40	0,316 0,311 0,222 0,272 0,260	0,17 0,31	2,52	0,264	Rittershaußen 26,65 ltr-Apparat
0 786 1365 2300 2760 3690 4770		0 3,12 1,79 1,20 1,125 1,20 1,21	3,12 1,27 0,94 0,945 1,57 1,24	0,052 0,107 0,211 0,247 0,223 0,219	0,181 0,363 0,425 0,149 0,206	4,85	0,349	Therma 39,6 ltr-Speicher

Kosten für die Wasserlieferung; am billigsten liefern die größeren Speicher und innerhalb gleicher Größe diejenigen, welche die beste Isolierung und die geringste Wärmeabführung aufweisen. Es ist wichtig, diese Verhältnisse für die einzelnen Wärmespeicher genau zu kennen, wenn man den Preis für die Einheitswassermenge festsetzen will.

5) Dauerversuche.

Die Zusammenstellung von zwei Versuchen im Dauerbetrieb mit dem 25 ltr-Speicher von Rittershaußen und dem 40 ltr-Speicher der Therma mögen den Bericht über die Untersuchungen abschließen.

Mit dem Rittershaußen-Wärmespeicher von 26,65 ltr wurde ein Versuch über die Zeit von 5½ Monaten vorgenommen, und zwar im normalen Haushaltungsbetriebe.

Die Ergebnisse finden sich in Zahlentafel 27.

Das verbrauchte Wasser wurde mit einem Flügelwassermesser gemessen, der Strom mit einem kW-st-Zähler. Es ergibt sich durchschnittlich für 10 ltr Wasser von rd. 80 bis 85° ein Verbrauch von 1,50 kW-st. Die Schwankungen in den einzelnen Zeitabschnitten sind durch die verschieden starken Wasserentnahmen begründet, da ja auch der Wärmespeicher in Zeiten, wo kein Wasser entnommen wird, dauernden Strombedarf hat. Zeitweilig war auch mit Hilfe des Schalters der Wärmespeicher ganz ausgeschaltet worden. Außerdem wurde zum Anwärmen nicht immer die wirtschaftlichste Schaltung auf »stark« benutzt, sondern vielfach auch die Schaltung »schwach«. Die mittlere Höchstwasserleistung in 1 st beträgt bei den Betriebsverhältnissen zwischen etwa 13° und 83° = 2,52 kg. Der Betriebsfaktor über die ganze Betriebszeit von 3960 st ergab den Wert $f = 0,26$, d. h. es ist nur etwa $1/4$ der vom Wärmespeicher lieferbaren Wassermenge entnommen worden.

Der Aufwand zur Erwärmung von 10 ltr Wasser von etwa 13° bis 83°, beträgt also im Durchschnitt $A = 1,50$ kW-st, also etwa das 1½ fache des geringsten erzielbaren Arbeitsaufwandes von $A = 1,05$ bei voller Inanspruchnahme ($f = 1,0$) des Wärmespeichers. Bei einer Annahme von 10 Pf/kW-st stellen sich also 10 ltr heißes Wasser auf 15,3 Pf, im günstigsten Falle auf 10,6 Pf. Bei einem Betriebsfaktor von 0,17 steigen dagegen A auf 1,96 kW-st, und der Preis auf 19,6 Pf.

Die Versuche zeigen deutlich das Auf- und Absteigen der Unkosten für die gleiche Wassermenge je nach der Beanspruchung des Speichers.

Die Uebereinstimmung der gemessenen Werte mit denen aus Zahlentafel 26 ist sehr gut. Aehnliche Ergebnisse zeigt der Dauerversuch, der mit dem 39,60 ltr-Speicher der Therma über eine Zeit von 982 st ausgeführt wurde. Es wurde das Wasser von 20° bis auf 69° erwärmt; die stündliche Höchstwasserleistung beträgt dabei $W = 4,85$ kg.

Der Wärmespeicher wurde gefüllt und stand in der ersten Betriebszeit von 162 st fast ohne jede Wasserentnahme. Der Betriebsfaktor hatte den sehr geringen Wert von $f = 0,05$; der Stromaufwand für 10 ltr hatte dabei den sehr hohen Betrag von $A = 3,12$ kW-st, entsprechend einem Unkostenbetrage von 31,2 Pf. Dann wurden dem Speicher größere Wassermengen entnommen, im Tage etwa 20 bis 60 ltr, während die tägliche Höchstentnahme sich bis auf $24 \times 4,85 = 116$ kg belaufen kann.

Der Leistungsfaktor stieg allmählich an auf $f = 0,127$ nach 281,7 st, wobei A bis auf 1,79 fiel, der Preis für 10 ltr also bereits auf die Hälfte nämlich auf 17,9 Pf; nach 570 st wurde ein Leistungsfaktor von 0,247 erreicht, und nach 981,5 st, also beim Schlusse des Versuches, nahm der Leistungsfaktor einen Wert von 0,219 an, wobei der Aufwand für 10 ltr Wasser sich auf 1,21 kW/st und der Preis sich auf 12,1 Pf stellte bei einem Ansatz von 10 Pf für 1 kW-st. Innerhalb der Zwischenabschnitte ergeben sich Werte, die für f bis auf 0,425 steigen und für A bis auf 0,945 kW-st fallen; wobei sich demnach als günstigster Preis für 10 ltr Wasser ein solcher von 9,4 Pf ergibt. Auch die Werte dieses Versuches stimmen sehr gut mit denen in Zahlentafel 26 überein.

Zusammenfassung.

Die Bauart verschiedener Wärmespeicher von 10 bis 100 ltr Inhalt nebst den Temperaturreglern wird beschrieben. An diesen Wärmespeichern wurden wärmetechnische Untersuchungen vorgenommen, die sich auf die Aufnahme der Erwärmungs- und Abkühlungskurven, auf die Ermittlung der Temperaturverteilung im Wärmespeicher und auf die Feststellung der Wirkungsgradkurven erstreckten. Es wird gezeigt, wie aus den vorgenommenen Messungen die zur Beurteilung der Wärmespeicher erforderlichen Zahlen gewonnen werden können, und wie sich Vergleiche der verschiedenen Wärmespeicherarten untereinander ermöglichen lassen.

Dabei wurden die Höchstwasser- und Höchstwärmeleistung jeden Speichers bestimmt und der Aufwand, der zum Halten des Wassers auf bestimmter Temperatur erforderlich ist, ohne daß Wasser entnommen wird. Es wird der Begriff des Leistungsfaktors eingeführt, und sein Einfluß auf den Preis von 10 ltr entnommenen Wassers festgestellt. Zum Schluß werden die Formeln für das Gesamtverhalten der Wärmespeicher entwickelt, auf Grund deren bei Kenntnis der Anwärme- und Abkühlungskurve die Betriebsverhältnisse vorausberechnet werden können.

Auf die Wichtigkeit eines vorzüglichen Wärmeschutzes und der Vermeidung von Wärmeabführung durch metallische Teile wird an verschiedenen Stellen hingewiesen.

ARDELTWERKE G.m.b.H.

Fernsprecher: Nr. 34, 389, 407 u. 410 — **Eberswalde bei Berlin** — Telegrammadresse: Ardeltwerke Eberswalde

Zweigstellen: DÜSSELDORF und GLEIWITZ

Werkstattabteilung C:

Krane für Stahl- u. Hüttenwerke, wie Generatorenkrane, Schrottverladekrane, Muldentransportkrane, Chargiermaschinen, Gießkrane, Stripperkrane, Tiefofenkrane, Blocktransportkrane, Pratzenkrane, Fallwerkskrane, Gießbettkrane, normale Laufkrane.

Werftkrane jeder Art, wie Schwerlastkrane, Schwimmkrane, Hellinganlagen, Dampfkrane, Schiffsaufzüge, Schiffsbekohlungs-Anlagen.

Verladeanlagen für Stück- und Massengüter, Waggonkipper, Schiebebühnen, Spillanlagen, Drehkrane.

Vertikal- und Schrägaufzüge.

Lastmagnete, elektromagnetische Aufspannvorrichtungen, elektromagnetische Eisen-Ausscheider.

Eisenkonstruktionen jeder Art u. Größe, **Zahnräder** mit geschnittenen Zähnen bis zu den größten Abmessungen.

Dreimotoren-Laufkran, 5 t Tragfähigkeit, 32 m Spannweite

Werkstattabteilung B:

Gießerei-Einrichtungen mit den gesamten erforderlichen Hilfsmaschinen für alle Metalle, ferner als Besonderheit

Röhrengießereien mit den zugehörigen Spezialmaschinen, als Röhrenstampfmaschinen (Patent Ardelt), Drehgestelle, alle Formeinrichtungen für Röhren sowie die zur Anfertigung derselben erforderlichen Hilfsmaschinen, wie Strohseil-Spinnmaschinen, automatische Sandaufbereitungen, Kerndrehbänke, Rohrabstechbänke, Rohrprobierpressen.

Vollständige Kupolofenanlagen mit automatischer Begichtung.

Techn. Beratung beim Umbau veralteter unrationell arbeitender Gießerei-Anlagen.

MIX
Papier aus verantwortungsvollen Quellen
Paper from responsible sources
FSC® C105338

If you have any concerns about our products,
you can contact us on
ProductSafety@springernature.com

In case Publisher is established outside the EU,
the EU authorized representative is:
Springer Nature Customer Service Center GmbH
Europaplatz 3, 69115 Heidelberg, Germany

Printed by Libri Plureos GmbH
in Hamburg, Germany